農業経理士問題集

【経営管理編】

大原出版

はじめに

　成長産業への変革期にある日本農業において、農業経営の法人化や異業種からの農業参入増加などを背景に現代的な農業経営を確立する必要性が高まっております。

　農業という業種の特徴は、生物の生産であることから、病虫害や自然災害による被害等、経営者自身でコントロールすることができない要素が多いことにあります。それゆえ、経営者自身の経験則に基づく判断が重要となりますが、すべての判断を経験則に頼ることは合理的ではなく、客観的事実たる計数を確かめながら経営判断を行うことで、より健全な農業経営を行うことが可能となります。特に法人経営では、計数に基づく経営管理が必須であり、現代的な農業経営に欠かせない要素となります。

　このような状況の中、当協会は日本の農業の発展、具体的には計数管理の基盤となる農業簿記の普及に寄与することを目的として、一般社団法人 全国農業経営コンサルタント協会による監修のもとで、平成26年度より「農業簿記検定」を実施しております。

　さらに、当協会では2020年度より「農業経理士」称号認定制度を創設致しました。本制度は、農業簿記で培った知識を基盤としながら、農業経営の現場で必要となる実践的なスキルを習得した者であることを当協会が認定し、「農業経理士」の称号を授与するものです。制度創設にあたり、新たに「経営管理」および「税務」試験を開設致しました。

　本書が読者の皆様の農業経営に関わる経営管理知識の習得、そして「農業経理士」称号取得の一助となれば幸いです。

一般財団法人　日本ビジネス技能検定協会

理事長　西原　申介

農業経理士に関する情報はこちら

http://jab-kentei.or.jp/agricultural-accountant/

───── ●本書の利用にあたって● ─────

　この問題集は、姉妹編の「農業経理士教科書【経営管理編】」に準拠した問題集です。従って、教科書の学習の進度に合わせて、併行して利用されることをお奨め致します。

(1)　教科書の単元を学習し終えたら、問題集を解いてください。解答後は、必ず解答編で確認するようにしてください。

(2)　解答を見ても分からないときは、教科書に戻り説明を読んで、どこが間違っているかを確認しましょう。

農業経理士問題集【経営管理編】

目　次

第2章　経営改善

理論問題編

第3章　経営計画

計算問題編

理論問題編

問 題 編

第1章　経営分析

【問題1】　収益性分析　　　　　　　　　　　　　　　⇒ 解答P.72

　以下の農業法人A社の〔資料〕に基づき、答案用紙の各指標を答えなさい。なお、計算上端数が生じる場合には、最終値に関して小数点以下第3位を四捨五入すること。また、算定にあたっては、期中平均を使用することが望ましい比率においても、便宜上、期末残高の数値を用いて算定すること。

〔資料〕

1．A社の貸借対照表（20X2年3月31日）（単位：千円）

I 流動資産		I 流動負債	
現金預金	1,500	買掛金	1,200
売掛金	2,200	未払法人税等	250
棚卸資産	250	短期借入金	800
その他流動資産	540	流動負債合計	2,250
流動資産合計	4,490	II 固定負債	
II 固定資産		長期借入金	4,500
建物・構築物	2,500	固定負債合計	4,500
機械装置	8,250	負債合計	6,750
工具器具備品	1,950	I 純資産	
減価償却累計額	△3,500	出資金	11,000
土地	7,500	繰越利益剰余金	3,440
固定資産合計	16,700	純資産合計	14,440
資産合計	21,190	負債・純資産合計	21,190

2．A社の損益計算書（20X1年 4 月 1 日〜20X2年 3 月31日）（単位：千円）

I	売上高		14,500
II	売上原価		9,800
		売上総利益	4,700
III	販売費及び一般管理費		
	水道光熱費		140
	租税公課		180
	減価償却費		300
	その他販管費		1,220
		営業利益	2,860
IV	営業外収益		
	受取利息		480
V	営業外費用		
	支払利息		180
		経常利益	3,160
		法人税、住民税及び事業税(30%)	948
		当期純利益	2,212

3．A社の製造原価報告書（20X1年4月1日～20X2年3月31日）（単位：千円）

 I 材料費

	種苗費	1,150
	肥料費	980
	農薬費	390
	諸材料費	590
材料費合計		3,110

 II 労務費

	賃金手当	2,500
	福利厚生費	560
労務費合計		3,060

 III 経費

	支払地代	1,080
	作業委託料	840
	賃借料	620
	諸会費	280
	減価償却費	250
	修繕費	560
経費合計		3,630
当期製品製造原価		9,800

〔答案用紙〕

(1)	総資本経常利益率	％
(2)	売上高総利益率	％
(3)	売上高営業利益率	％
(4)	売上高経常利益率	％
(5)	売上高当期純利益率	％
(6)	総資本回転率	回
(7)	固定資産回転率	回
(8)	売上高材料費比率	％

⇒ 解答P.74

問題2　安全性分析

　以下の農業法人A社の〔資料〕に基づき、答案用紙の各指標を答えなさい。なお、計算上端数が生じる場合には、最終値に関して小数点以下第3位を四捨五入すること。また、算定にあたっては、期中平均を使用することが望ましい比率においても、便宜上、期末残高の数値を用いて算定すること。

〔資料〕

1．A社の貸借対照表（20X2年3月31日）（単位：千円）

I　流動資産		I　流動負債	
現金預金	1,500	買掛金	1,200
売掛金	2,200	未払法人税等	250
棚卸資産	250	短期借入金	800
その他流動資産	540	流動負債合計	2,250
流動資産合計	4,490	II　固定負債	
II　固定資産		長期借入金	4,500
建物・構築物	2,500	固定負債合計	4,500
機械装置	8,250	負債合計	6,750
工具器具備品	1,950	I　純資産	
減価償却累計額	△3,500	出資金	11,000
土地	7,500	繰越利益剰余金	3,440
固定資産合計	16,700	純資産合計	14,440
資産合計	21,190	負債・純資産合計	21,190

（注）　当座資産は、「現金預金＋売掛金」とする。

２．A社の損益計算書（20X1年４月１日〜20X2年３月31日）（単位：千円）

Ⅰ	売上高		14,500
Ⅱ	売上原価		9,800
		売上総利益	4,700
Ⅲ	販売費及び一般管理費		
	水道光熱費		140
	租税公課		180
	減価償却費		300
	その他販管費		1,220
		営業利益	2,860
Ⅳ	営業外収益		
	受取利息		480
Ⅴ	営業外費用		
	支払利息		180
		経常利益	3,160
	法人税、住民税及び事業税(30%)		948
		当期純利益	2,212

〔答案用紙〕

(1)	当座比率	％
(2)	流動比率	％
(3)	固定長期適合率	％
(4)	自己資本比率	％
(5)	売上高現預金比率	％

問題3　生産性分析1　　　　　　　　　　　　　　　⇒ 解答P.75

　以下の農業法人A社の〔資料〕に基づき、各問に答えなさい。

〔資料〕

1．A社の損益計算書（20X1年4月1日～20X2年3月31日）（単位：千円）

Ⅰ	売上高		14,500
Ⅱ	売上原価		9,800
		売上総利益	4,700
Ⅲ	販売費及び一般管理費		
	水道光熱費		140
	租税公課		180
	減価償却費		300
	その他販管費		1,220
		営業利益	2,860
Ⅳ	営業外収益		
	受取利息		480
Ⅴ	営業外費用		
	支払利息		180
		経常利益	3,160
	法人税、住民税及び事業税(30%)		948
		当期純利益	2,212

2．A社の製造原価報告書（20X1年4月1日〜20X2年3月31日）（単位：千円）

Ⅰ　材料費

種苗費		1,150
肥料費		980
農薬費		390
諸材料費		590
	材料費合計	3,110

Ⅱ　労務費

賃金手当		2,500
福利厚生費		560
	労務費合計	3,060

Ⅲ　経費

支払地代		1,080
作業委託費		840
賃借料		620
諸会費		280
減価償却費		250
修繕費		560
	経費合計	3,630
当期製品製造原価		9,800

問1　〔資料〕に基づき、控除法（中小企業庁方式）による付加価値を算定しなさい。なお、控除法の計算は以下の計算方式によることとする。

付加価値＝売上高−(*¹原材料費＋*²支払経費)

＊1：製造原価報告書における材料費合計を用いる。

＊2：損益計算書の販売費及び一般管理費のうち「水道光熱費」「その他販管費」、および製造原価報告書の経費のうち「作業委託費」「諸会費」「修繕費」を用いる。

問2　〔資料〕に基づき、加算法（日銀方式）のよる付加価値を算定しなさい。なお、加算法の計算は以下の計算方式によることとする。

> 付加価値＝経常利益＋*1人件費＋*2金融費用＋*3賃借料＋*4租税公課
>   ＋*5減価償却費

＊1：製造原価報告書の「労務費合計」

＊2：損益計算書の「支払利息」

＊3：製造原価報告書の経費のうち「支払地代」「賃借料」の合計

＊4：損益計算書の「租税公課」

＊5：損益計算書および製造原価報告書の「減価償却費」の合計

〔答案用紙〕

問1	千円

問2	千円

| 問題4 | 生産性分析2 | ⇒ 解答P.76 |

以下のA農業法人に関する〔資料〕に基づき、各問に答えなさい。

〔資料〕

売　　　　上　　　　高	95,000千円	付　加　価　値　額	68,480千円
有形固定資産(年平均)	40,800千円		
年　間　減　価　償　却　費	3,680千円	人　　　件　　　費	47,160千円
従　業　員　数(年平均)	8人	総　資　本 (年平均)	74,200千円

問1　労働生産性（千円）を求めなさい。

問2　問1で算定した労働生産性を付加価値率と従業員一人当たり売上高に分解しなさい。なお、計算結果に端数が生じる場合には、最終値に関して小数点以下第3位を四捨五入すること。（以下同様）

問3　問2で算定した従業員一人当たり売上高を資本集約度と総資本回転率に分解しなさい。

問4　問2で算定した従業員一人当たり売上高を労働装備率と有形固定資産回転率に分解しなさい。

問5　付加価値労働分配率を算定しなさい。

問6　問5で算定した付加価値労働分配率を一人当たり人件費と労働生産性に分解した場合、一人当たり人件費を答えなさい。

〔答案用紙〕

問1		千円

問2	付　加　価　値　率	％
	従業員一人当たり売上高	千円

問3	資　本　集　約　度	千円
	総　資　本　回　転　率	回

問4	労　働　装　備　率	千円
	有 形 固 定 資 産 回 転 率	回

問5		％

問6		千円

問題5　損益分岐点分析 ⇒ 解答P.78

以下のA農業法人に関する〔資料〕に基づき、各問に答えなさい。

〔資料〕　翌期の予定損益計算書（単位：円）

売　上　高	2,000,000
変　動　費	1,200,000
限 界 利 益	800,000
固　定　費	450,000
営 業 利 益	350,000

問1　限界利益率を求めなさい。なお、計算結果に端数が生じる場合には、最終値に関して小数点以下第2位を四捨五入すること。（以下同様）

問2　損益分岐点売上高を求めなさい。

問3　〔資料〕の予定損益計算書の売上高の安全余裕率を求めなさい。

問4　希望営業利益400,000円を達成する売上高を求めなさい。

〔答案用紙〕

問1 ［　　　　　　　］％

問2 ［　　　　　　　］円

問3 ［　　　　　　　］％

問4 ［　　　　　　　］円

| 問題6 | 借入金分析 | ⇒ 解答P.80 |

以下の〔資料〕に基づいて、各問に答えなさい。

〔資料〕

1．A社の貸借対照表（20X2年3月31日）（単位：千円）

Ⅰ　流動資産		Ⅰ　流動負債	
現金預金	1,500	買掛金	1,200
売掛金	2,200	未払法人税等	250
棚卸資産	250	短期借入金	800
その他流動資産	540	流動負債合計	2,250
流動資産合計	4,490	Ⅱ　固定負債	
Ⅱ　固定資産		長期借入金	4,500
建物・構築物	2,500	固定負債合計	4,500
機械装置	8,250	負債合計	6,750
工具器具備品	1,950	Ⅰ　純資産	
減価償却累計額	△3,500	出資金	11,000
土地	7,500	繰越利益剰余金	3,440
固定資産合計	16,700	純資産合計	14,440
資産合計	21,190	負債・純資産合計	21,190

2．A社の損益計算書（20X1年 4 月 1 日〜20X2年 3 月31日）（単位：千円）

Ⅰ	売上高	14,500
Ⅱ	売上原価	9,800
	売上総利益	4,700
Ⅲ	販売費及び一般管理費	
	水道光熱費	140
	租税公課	180
	減価償却費	300
	その他販管費	1,220
	営業利益	2,860
Ⅳ	営業外収益	
	受取利息	480
Ⅴ	営業外費用	
	支払利息	180
	経常利益	3,160
	法人税、住民税及び事業税(30%)	948
	当期純利益	2,212

3．A社の製造原価報告書（20X1年4月1日～20X2年3月31日）（単位：千円）

Ⅰ　材料費

種苗費		1,150
肥料費		980
農薬費		390
諸材料費		590
	材料費合計	3,110

Ⅱ　労務費

賃金手当		2,500
福利厚生費		560
	労務費合計	3,060

Ⅲ　経費

支払地代		1,080
作業委託料		840
賃借料		620
諸会費		280
減価償却費		250
修繕費		560
	経費合計	3,630
当期製品製造原価		9,800

問1 　有利子負債月商比率を求めなさい。なお、以下の算式に基づいて算定し、解答
に端数が生じる場合には、最終値に関して小数点以下第3位を四捨五入すること。
（以下同様）

$$有利子負債月商比率 = \frac{短期借入金＋長期借入金}{年間売上高 \div 12}$$

問2 　債務償還年数を求めなさい。

$$債務償還年数 = \frac{要償還債務}{簡便的な営業キャッシュ・フロー}$$

（注1）　要償還債務＝短期借入金＋長期借入金－正常運転資金

（正常運転資金＝売掛金＋棚卸資産－買掛金）

（注2）　簡便的な営業キャッシュ・フロー＝経常利益＋減価償却費

問3 　借入依存度を求めなさい。

$$借入依存度 = \frac{短期借入金＋長期借入金}{総資産} \times 100$$

問4 　売上高借入金比率を求めなさい。

$$売上高借入金比率 = \frac{短期借入金＋長期借入金}{年間売上高} \times 100$$

〔答案用紙〕

問1	ヶ月

問2	年

問3	％

問4	％

問題7　キャッシュ・フロー分析　　　　　　　　　　　　⇒ 解答P.82

以下の〔資料〕に基づいて、各問に答えなさい。

〔資料〕

1．A社の貸借対照表（20X2年3月31日）（単位：千円）

I	流動資産		I	流動負債	
	現金預金	1,500		買掛金	1,200
	売掛金	2,200		未払法人税等	250
	棚卸資産	250		短期借入金	800
	その他流動資産	540		流動負債合計	2,250
	流動資産合計	4,490	II	固定負債	
II	固定資産			長期借入金	4,500
	建物・構築物	2,500		固定負債合計	4,500
	機械装置	8,250		負債合計	6,750
	工具器具備品	1,950	I	純資産	
	減価償却累計額	△3,500		出資金	11,000
	土地	7,500		繰越利益剰余金	3,440
	固定資産合計	16,700		純資産合計	14,440
	資産合計	21,190		負債・純資産合計	21,190

※　有利子負債＝短期借入金＋長期借入金

２．A社の損益計算書（20X1年4月1日～20X2年3月31日）（単位：千円）

	Ⅰ	売上高		14,500
	Ⅱ	売上原価		9,800
			売上総利益	4,700
	Ⅲ	販売費及び一般管理費		
		水道光熱費		140
		租税公課		180
		減価償却費		300
		その他販管費		1,220
			営業利益	2,860
	Ⅳ	営業外収益		
		受取利息		480
	Ⅴ	営業外費用		
		支払利息		180
			経常利益	3,160
		法人税、住民税及び事業税(30%)		948
			当期純利益	2,212

３．キャッシュ・フローに関する資料

営業キャッシュ・フロー	2,762千円
投資キャッシュ・フロー	2,820千円

問1　営業キャッシュ・フロー対有利子負債比率を求めなさい。なお、計算結果に端数が生じる場合には、最終値に関して小数点以下第3位を四捨五入すること。(以下同様)。

問2　営業キャッシュ・フロー対投資キャッシュ・フロー比率を求めなさい。

問3　売上高対支払利息率を求めなさい。

〔答案用紙〕

問1　　　　　　　　　　%

問2　　　　　　　　　　%

問3　　　　　　　　　　%

問題8　利益増減分析　　　　　　　　　　　　　　　　　　　⇒ 解答P.83

以下の〔資料〕に基づいて、各問に答えなさい。

〔資料〕

	販売価格	販売数量	作付面積
前 年 度	500円／kg	1,200kg	300 a
当 年 度	510円／kg	1,150kg	250 a

問1　売上増減額を数量差異額と価格差異額に分解しなさい。なお、不利差異の場合には金額に「－（マイナス）」を付しなさい。

> ・数量差異額＝（当年度数量－前年度数量）×前年度単価
> ・価格差異額＝（当年度単価－前年度単価）×当年度数量

問2　数量差異を面積差異量と単収差異量に分析しなさい。なお、不利差異の場合には数値に「－（マイナス）」を付しなさい。

> ・面積差異量＝（当年度面積－前年度面積）×前年度単収
> ・単収差異量＝（当年度単収－前年度単収）×当年度面積

〔答案用紙〕

問1

数 量 差 異 額	円
価 格 差 異 額	円

問2

面 積 差 異 量	kg
単 収 差 異 量	kg

問題9 財務分析追加問題 ⇒ 解答P.84

以下の〔資料〕に基づいて、各問に答えなさい。

〔資料〕

1．A法人の貸借対照表（X3年３月31日）（単位：千円）

流動資産	現金預金	1,400	流動負債	買掛金	2,200
	売掛金	880		預り金	120
	棚卸資産	220		未払法人税等	240
	その他流動資産	190		短期借入金	800
	流動資産合計	2,690		流動負債合計	3,360
固定資産	建物・構築物	2,200	固定負債	長期借入金	8,630
	機械装置	13,000	純資産	出資金	10,000
	工具器具備品	2,200		繰越利益剰余金	3,400
	減価償却累計額	−5,200		純資産合計	13,400
	土地	10,500			
	固定資産合計	22,700			
	資産合計	25,390		負債純資産合計	25,390

2．A法人の損益計算書（X2年4月1日〜X3年3月31日）（単位：千円）

売上高	12,000
売上原価	7,300
売上総利益	4,700
販売費および一般管理費	
役員報酬	800
給料手当	550
福利厚生費	320
水道光熱費	110
租税公課	30
消耗品費	10
減価償却費	900
営業利益	1,980
受取利息	240
支払利息	900
経常利益	1,320
法人税（30%）	396
当期純利益	924

問1　〔資料〕に基づいた場合、総資本経常利益率を求めなさい。（なお、％以下第3位を四捨五入し、％以下第2位までを算定する。）

問2　〔資料〕に基づいた場合、売上高経常利益率を求めなさい。（なお、％以下第3位を四捨五入し、％以下第2位までを算定する。）

問3　〔資料〕に基づいた場合、総資本回転率（回）を求めなさい。（なお、小数点以下第3位を四捨五入し、小数点以下第2位までを算定する。）

問4　〔資料〕に基づいた場合、流動比率を求めなさい。（なお、％以下第3位を四捨五入し、％以下第2位までを算定する。）

問5　〔資料〕に基づいた場合、固定長期適合率を求めなさい。（なお、％以下第3位を四捨五入し、％以下第2位までを算定する。）

問6　〔資料〕に基づいた場合、売上高現預金比率を求めなさい。（なお、％以下第3位を四捨五入し、％以下第2位までを算定する。）

〔答案用紙〕

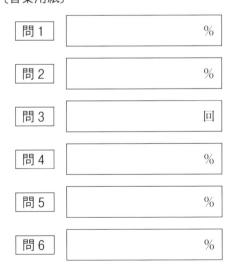

問1　　　　　　　　　　％

問2　　　　　　　　　　％

問3　　　　　　　　　　回

問4　　　　　　　　　　％

問5　　　　　　　　　　％

問6　　　　　　　　　　％

⇒ 解答P.85

問題10　生産性分析追加問題

以下の〔資料〕に基づいて、各問に答えなさい。

〔資料〕

売上高	80,000,000円
付加価値額	48,500,000円
総資本額	392,000,000円
有形固定資産	56,000,000円
人件費	32,000,000円
従業員数	8名

問1　〔資料〕に基づいた場合、労働生産性を求めなさい。（端数が生じる場合には、円未満を四捨五入すること。）

問2　〔資料〕に基づいた場合、付加価値率を求めなさい。（なお、％以下第3位を四捨五入し、％以下第2位までを算定する。）

問3　〔資料〕に基づいた場合、付加価値労働分配率を求めなさい。（なお、％以下第3位を四捨五入し、％以下第2位までを算定する。）

〔答案用紙〕

問1		円
問2		％
問3		％

問題11　農業経営の財務諸表の特徴　　　　　⇒ 解答P.86

以下の文章について正しければ○、誤っていれば×と解答しなさい。

⑴　会計基準は、財務会計の機能を適切に発揮するために不可欠な前提条件といえるが、農業経営特有の会計基準は存在せず、農企業は「中小企業の会計に関する指針」を参考に計算書類を作成することが期待される。

⑵　農企業の貸借対照表は、原則として固定性配列法によって資産および負債の項目が配列される。

⑶　農企業の貸借対照表は、正常営業循環基準と１年基準によって、流動・固定項目に分類される。貸付金や借入金などを流動・固定項目に分類するときに正常営業循環基準が用いられ、受取手形、売掛金、仕掛品、支払手形、買掛金などを流動・固定項目に分類するときに１年基準が用いられる。

⑷　農企業の損益計算書において費用および収益は、その発生源泉に従って明瞭に分類し、各収益項目とそれに関連する費用項目とを対応表示しなければならない。これを費用収益対応の原則と呼ぶ。

⑸　農企業の損益計算書も一般的な損益計算書と同じように売上総利益、営業利益、経常利益、当期純利益と段階的に利益が算定されることになる。このうち農企業の正常な収益力を示すのは、当期純利益である。

⑹　耕種農業においては、種苗費、肥料費、農薬費、諸材料費といった費目が材料費に分類される。畜産農業においては、素畜費、飼料費、敷料費、諸材料費といった費目が材料費となる。

⑺　退職給付制度を採用している農業法人においては、労務費として「退職給付引当金繰入額」を利用する。中小企業退職金共済制度、特定退職金共済制度のように拠出以後に追加的な負担が生じない外部拠出型の制度については、当該制度に基づく要拠出額である掛金を「退職給付引当金繰入額」として処理する。

⑻　キャッシュ・フロー計算書は、収入額と支出額をその事由とともに明らかにするものであり、企業の資金獲得能力、債務や配当金の支払い能力などの情報を投資者に提供することができる。

⑼　キャッシュ・フロー計算書が対象とする資金の範囲は、現金及び現金同等物である。現金同等物とは、容易に換金可能であるもの、または、価値の変動について僅少なリスクしか負わない短期投資である。

⑽　投資活動によるキャッシュ・フローは、営業活動及び投資活動を維持するために調達又は返済したキャッシュ・フローを示すものである。具体的には、①借入及び株式又は社債の発行による資金の調達並びに②借入金の返済及び社債の償還などの取引に係るキャッシュ・フローを記載する。

⑾　営業活動によるキャッシュ・フローの表示方法には、直接法と間接法がある。直接法は、営業収入や商品の仕入れによる支出等、主要な取引ごとに収入総額及び支出総額を表示する方法である。間接法は、税引前当期純利益に必要な調整項目を加減して営業活動によるキャッシュ・フローを表示する方法である。

⑿　投資活動によるキャッシュ・フロー及び財務活動によるキャッシュ・フローの表示方法については、原則として主要な取引ごとにキャッシュ・フローを総額で表示することが要求されている。ただし、期間が短い、または、回転が速い項目に係るキャッシュ・フローは純額で表示することができる。

〔答案用紙〕

(1)		(2)		(3)	
(4)		(5)		(6)	
(7)		(8)		(9)	
⑽		⑾		⑿	

問題12　個人農業者の青色申告決算書の組み替え　　　⇒ 解答P.88

以下の文章について正しければ○、誤っていれば×と解答しなさい。

⑴　青色申告決算書の貸借対照表は、流動・固定項目の区分表示がなされていないという特徴がある。

⑵　青色申告決算書の損益計算書は、営業損益計算、経常損益計算及び純損益計算の区分表示がなされていないが、製造原価報告書は作成されるため、「製造原価」と「販売費及び一般管理費」の区分はなされている。

⑶　所得税の確定申告にあたり、青色申告を実施する場合には必ず損益計算書のみならず貸借対照表も作成されることになる。

⑷　青色申告決算書の組み替えにあたって、「普通預金・その他の預金」にマイナスの口座残高（当座貸越、営農貸越）がある場合には、固定負債の「長期借入金」に修正する。

⑸　青色申告決算書の組み替えにあたって、継続的役務提供による未収金は、「未収収益」へ組み替え、消費税の還付金の未収額がある場合には「未収消費税等」へ組み替えるが、まとめて「未収入金」としても差し支えない。これらの「未収入金」については、1年基準は適用せず全て流動資産の「未収入金」とする。

⑹　青色申告決算書の組み替えにあたって、「未収穫農産物」は流動資産の「製品」に組み替え、「農産物等」は流動資産の「仕掛品」に組み替える。

⑺　青色申告決算書の組み替えにあたって、「未成熟の果樹・育成中の牛馬等」は流動資産の「育成仮勘定」として組み替える。

⑻　青色申告決算書の組み替えにあたって、事業主貸のうち農業用の固定資産の売却による損失は、特別損失の「固定資産売却損」へ組み替える。

⑼　青色申告決算書の組み替えにあたって、事業主借のうち預貯金および貸付金に対して受け取る利息は、営業外収益の「受取配当金」に組み替え、株式や出資金などに対して受け取る配当金は、営業外収益の「受取利息」に組み替える。

⑽　青色申告決算書の組み替えにあたって、販売金額のうち自己が生産した農産物など製品の販売金額は、売上高の「製品売上高」へ組み替え、減価償却資産である生物の売却収入は、売上高の「生物売却収入」に組み替える。

⑾　青色申告決算書の組み替えにあたって、作付面積を基準に交付される交付金等は、売上高の「作付助成収入」に組み替える。

⑿　青色申告決算書の組み替えにあたって、配合飼料価格安定基金の補填金は、営業外収益に「飼料補填収入」として組み替える。

⒀　青色申告決算書の組み替えにあたって、生産用の固定資産に対する固定資産税・自動車税および生産に関係ない印紙税・税込経理方式の場合の消費税などは、製造原価の製造経費の「租税公課」へ組み替える。

⒁　青色申告決算書の組み替えにあたって、生産用の固定資産修理費用は、製造原価の製造経費の修繕費に組み替え、販売管理用固定資産の修理費用は、販売費及び一般管理費の修繕費へ組み替える。

⒂　青色申告決算書の組み替えにあたって、作物や農業用施設の共済掛金、価格補填負担金などは、製造原価の製造経費の「とも補償拠出金」へ組み替え、米の転作や飲用外牛乳生産による減収分の生産者とも補償の拠出金は、製造原価の製造経費の「共済掛金」へ組み替えるが、まとめて製造原価の製造経費に「共済掛金・とも補償拠出金」などとしても差し支えない。

⒃　青色申告決算書の組み替えにあたって、生産業務に従事する専従者及び販売業務に従事する専従者に係る給与は、販売費及び一般管理費の「給料手当」に組み替える。

〔答案用紙〕

(1)		(2)		(3)	
(4)		(5)		(6)	
(7)		(8)		(9)	
(10)		(11)		(12)	
(13)		(14)		(15)	
(16)					

問題13　収益性分析　　　　　　　　　　　　　　　　　　　⇒ 解答 P.91

以下の文章について正しければ○、誤っていれば×と解答しなさい。

⑴　経営の効率性とは、資本に対してと取引に対しての効率性が存在するが、資本に対しての効率性は売上高利益率で表され、取引に対しての効率性は資本利益率で表される。

⑵　総資本経常利益率は、総資本に対する経常利益の割合であり、企業の収益性を総合的に判定する最も代表的な指標である。投下した資本がどれだけ経常利益をあげたのかを示す比率であり低いほど望ましいといえる。

⑶　売上高総利益率は、売上高に対する売上総利益の割合を示し、高いほどよいといえる。売上総利益は売上高から売上原価を控除して算出されるが、農業の場合には製造原価に相当する種苗費、肥料費、農薬費、諸材料費、労務費等からなる生産原価を控除した後の利益になる。

⑷　売上高経常利益率は、売上高に対する営業利益の割合、つまり生産及び販売・管理という営業活動で得た本業の収益性を示し、高いほど望ましいといえる。

⑸　売上高当期純利益率は、売上高に対する当期純利益の割合であり、高いほうが望ましいといえる。農業の場合、農業経営基盤強化準備金の繰入額や戻入額が特別損益の部に計上されていることがあるため特に留意する必要がある。

⑹　総資本回転率は、総資本と売上高の割合を見る指標であり、総資本を売上高で除して算定される。経営に投下されている資本の運用効率を示すものである。

⑺　固定資産回転率は、固定資産と売上高の割合を見るものであり、経営に投下されている固定資産の運用効率を示す指標である。固定資産回転率は、回数で表され、低いほど望ましいといえる。

⑻　売上高材料費比率は、原材料の投入（インプット）に対して生産物の産出（アウトプット）が効率的に行われているかどうかを示す指標であり、当該比率が大きいほど、技術水準が高いことを示している。

⑼　農業所得率は、売上高に占める農業所得の比率を表す指標であり、値が大きいほど売上高の多くを農業所得とする技術水準が高いことを示す。

〔答案用紙〕

(1)		(2)		(3)	
(4)		(5)		(6)	
(7)		(8)		(9)	

問題14　安全性分析　　　　　　　　　　　　　　　　　⇒ 解答P.93

以下の文章について正しければ○、誤っていれば×と解答しなさい。

(1)　安全性分析とは、財務の安全性すなわち債務支払能力について分析するものであり、短期的な債務支払能力を測定することを財務構造分析と呼び、長期的な視点で債務支払能力を測定することを流動性分析と呼ぶことがある。

(2)　流動比率は、流動負債に対する流動資産の割合であり、短期的な債務返済能力を示す。流動比率が高いほど短期的な債務支払能力が高くなるため、高ければ高いほど望ましい指標であるといえる。

(3)　自己資本比率は、総資本に対する自己資本の割合であり、その割合が高いほど経営の安定性が高いといえる。

(4)　売上高現預金比率は、売上高に対する現預金の割合を示す比率であり、この比率が大きくなるほど、売上高から見た現預金の割合は大きくなり、経営が不安定になる可能性が高くなる。

〔答案用紙〕

(1)		(2)		(3)	
(4)					

問題15　生産性分析　　　　　　　　　　　　　　　　　　　　⇒ 解答P.94

以下の文章について正しければ○、誤っていれば×と解答しなさい。

(1)　労働生産性は、従業員一人当たりが稼ぎ出した付加価値であり、労働の質、すなわち労働時間の効率性の程度を測定する指標であり、低ければ低いほど高能率であることを示す。

(2)　労働分配率は、企業が生み出した付加価値のうち、人件費として従業員に分配された比率を示し、人件費の支払能力をみる指標である。労働生産性や資本への分配の水準とのバランスを考慮してその適否を判断すべきといえる。

(3)　単収とは、一定の生産単位（10 a、1頭など）当たりの生産量を示す指標であり、値が大きいほど決められた面積や頭数で多くの生産量を実現する技術水準が高いことを示している。また、生産単位当たり労働時間は、一定の生産単位（10 a、1頭など）当たりの労働時間を表す指標であり、値が大きいほど決められた面積や頭数を少ない労働時間で管理する技術水準が高いことを示している。

(4)　農業従事者1人当たり農業所得は、農業従事者1人当たりの農業所得を表す指標であり、値が大きいほど、少ない農業従事者で多くの農業所得を実現する技術水準が高いことを示す。

〔答案用紙〕

(1)		(2)		(3)	
(4)					

問題16　損益分岐点分析　　　　　　　　　　　　　　　　　⇒ 解答P.95

以下の文章について正しければ○、誤っていれば×と解答しなさい。

⑴　損益分岐点売上高は、変動費と固定費を控除して営業利益額がゼロとなる売上高であり、これを超える売上高であれば利益が出るが、これを下回る売上高の場合には損失が出ることを示すものである。

⑵　損益分岐点売上高を実際の売上高で除したものは、安全余裕率と呼ばれる。これは、損益分岐点売上高と実際の売上高との間にどれだけの余裕があるのかを見る指標である。

⑶　耕種経営を前提とした場合、変動費と固定費の分類は、生産効率が一定で耕地面積の増減によって生産量が変化する場合と、耕地面積が一定で生産効率（単位収量）の上下によって生産量が変化する場合によって異なることがある。前者の場合、水利費はすべて固定費に分類されるが、後者の場合には面積割りの水利費は変動費、戸割りの水利費は固定費に分類されることになる。

⑷　目標利益達成売上高は、固定費に目標利益を加算した金額を変動費率で割り戻すことによって算定される。

〔答案用紙〕

(1)		(2)		(3)	
(4)					

問題17　借入金分析　　　　　　　　　　　　　　　　　　　　⇒ 解答P.96

　以下の文章について正しければ○、誤っていれば×と解答しなさい。

⑴　有利子負債月商比率は、月商に対し何か月分の有利子負債を抱えているかを示す指標
　　であり、この数値が低いほど安全性は低いとされる。

⑵　債務償還年数は、有利子負債の返済にかかる年数を示し、金融機関にとって融資先と
　　なる企業が全額返済までにどのくらいの期間を要するかを測り格付けを行うための重要
　　な財務指標になる。

⑶　借入依存度とは、総資産に対する借入金の割合を示す指標であり、この数値が低いほ
　　ど安全性は低いとされる。

⑷　生産単位当たり借入金とは、一定の生産単位（10 a 、1 頭など）当たりの借入金の割
　　合を示す指標であり、値が小さいほど単位当たりの面積や頭数から見た借入金の負担が
　　大きくなり、経営が不安定になる可能性が高くなる。

〔答案用紙〕

⑴		⑵		⑶	
⑷					

問題18　キャッシュ・フロー分析　　　　　　　　　　　　　　⇒ 解答P.97

　以下の文章について正しければ○、誤っていれば×と解答しなさい。

⑴　営業キャッシュ・フロー対有利子負債比率は、長期借入金や社債といった有利子負債
　　を、営業キャッシュ・フローでどの程度賄えるかを示す指標である。

⑵　営業キャッシュ・フロー対投資キャッシュ・フロー比率は、営業キャッシュ・フロー
　　で投資キャッシュ・フローをどの程度賄えるのかを示す指標であり、この指標が100％
　　を超えている場合、財務キャッシュ・フローで調達するか、現在の手許資金の一部を
　　使って投資活動を実施していることになる。

⑶　売上高対支払利息率は、売上高に対する支払利息の割合であり、売上高に対する金利
　　負担を示し、この比率が高いほど経営は安定しているといえる。

〔答案用紙〕

(1)		(2)		(3)	

問題19　理論追加問題 1　　　　　　　　　　　　　　　⇒ 解答 P.98

以下の文章について正しければ○、誤っていれば×と解答しなさい。

(1)　青色申告決算書を組み替えるにあたり、「普通預金」の中に当座貸越や営農貸越といったマイナスの口座残高が存在する場合には、組み替え後においても貸借対照表の「現金預金」勘定の減額項目として処理する。

(2)　青色申告決算書を組み替えるにあたり、「未収穫農産物」は貸借対照表流動資産の「製品」へ組み替える。

(3)　青色申告決算書を組み替えるにあたり、過年度の農畜産物の価格下落等に対する補填金は、損益計算書特別利益の「経営安定補填収入」に組み替える。

(4)　青色申告決算書を組み替えるにあたり、「専従者給与」については、生産業務に従事する専従者に係るものは製造原価の労務費の「賃金手当」に組み替え、販売業務に従事する専従者に係るものは損益計算書の販売費及び一般管理費の「給料手当」に組み替える。

〔答案用紙〕

(1)		(2)		(3)	
(4)					

問題20　理論追加問題2　　　　　　　　　　　　　　　　⇒ 解答P.99

以下の文章について正しければ○、誤っていれば×と解答しなさい。

(1)　資本回転率は、資本が効率的に運用されているかを示すものであり、資本回転率が良好であれば、資本効率が上がり収益性が高まる。また、資金繰りの改善によって債務支払能力も高まるため、資本回転率は収益性と安全性の両方に作用するといわれる。

(2)　売上高材料費比率は、売上高に対する材料費の比率であり技術力の水準がわかるものである。この指標は、技術指標でありながら作付面積などの生産データがなくても決算書データのみから算出できる点でユニークである。

(3)　自己資本比率は、総資本に対する自己資本の割合であり、その割合が低いほど経営の安定性が高いことを示す。

(4)　生産単位当たり労働時間は、一定の生産単位（10 a 、1 頭など）当たりの労働時間を示す指標であり、値が大きいほど技術水準が高いことを示す。

〔答案用紙〕

(1)		(2)		(3)	
(4)					

問題21　理論追加問題 3　　　　　　　　　　　　　　　⇒ 解答 P.100

以下の文章について正しければ〇、誤っていれば×と解答しなさい。

(1)　有利子負債月商比率とは、月商に対して何か月分の有利子負債（銀行借入、社債）を
　　抱えているかを示す指標であり、当該数値が高いほど安全性は低いとされる。

(2)　営業キャッシュ・フロー対投資キャッシュ・フロー比率は、営業キャッシュ・フロー
　　で投資キャッシュ・フローをどの程度賄えるかを示す指標であり、一般的に100％未満
　　が望ましいとされる。

(3)　付加価値は売上高から外部購入費用を控除したものであり、賃金手当、法定福利費、
　　役員報酬は付加価値を構成するものであるため、外部購入費用ではない。

(4)　売上高の増減額は、数量差異額と価格差異額に分解することができる。当年度数量と
　　前年度数量の差に前年度単価を乗じたものが価格差異額、当年度単価と前年度単価の差
　　に当年度数量を乗じたものが数量差異額となる。

〔答案用紙〕

(1)		(2)		(3)	
(4)					

第2章　経営改善

問題22 非財務情報を用いた経営改善手法　　　　　　　　　　⇒ 解答P.102

以下の文章について正しければ○、誤っていれば×と解答しなさい。

(1)　バランスト・スコアカードの実施にあたっては、戦略の因果連鎖を明確にするために戦略マップが作成される。戦略マップは一般的に収益増大戦略ないしはコスト削減を中心とする生産性向上戦略を基盤として構成されることになり、戦略を可視化し修正するためのツールとなるものである。

(2)　バランスト・スコアカードで用いられる4つの視点は、経営改善の視点として非常に重要な不可欠の要素であるため、農業経営にバランスト・スコアカードを利用する場合でも農業独自の視点を創設することはできない。

(3)　ポーターの5つの競争要因のうち、「買い手との交渉力」とは供給業者と自社との力関係によって自社の経営環境が大きく影響を受けることをいう。

(4)　安価な輸入牛肉が市場に投入されることによって豚肉の需要が奪われ養豚業者の収益性が低下するケースは、ポーターの5つの競争要因のうち「新規参入業者」の典型的な具体例といえる。

(5)　経営戦略を策定するために、SWOT分析によって経営の外部環境と内部環境を分析する。SWOT分析は、自らの経営資源の何が強みであり、何が弱みなのかを明らかにする外部環境分析と、何がチャンス（機会）であり、何が脅威と捉えるかを明らかにする内部環境分析から成り立つ。

(6)　農産物原価を競合生産者よりも引き下げることによって低価格で販売するという競争戦略は、差別化戦略といわれる。

〔答案用紙〕

(1)		(2)		(3)	
(4)		(5)		(6)	

問題23　収量減少リスク　　　　　　　　　　　　　　　　⇒ 解答P.104

以下の文章について正しければ○、誤っていれば×と解答しなさい。

⑴　リスクマネジメントの手法は、リスクを構成する要素としての原因に働きかけるリスクコントロール（リスク制御法）と、その結果に働きかけるリスクファイナンス（リスク財務法）とに分けられる。

⑵　収量減少リスクは、気象災害や病虫害、疾病による生産減少リスクである。リスクコントロールとしては、農業共済への加入などの方法が考えられる。また、リスクファイナンスとしては、リスク低減技術の導入や圃場・農場の分散、品種・作物の選択、経営の複合化などが考えられる。

⑶　耕種農業では、水稲の深水管理による低温障害の防止、大豆など転作作物のブロックローテーションによる雑草繁茂などの連作障害の防止などがリスク低減技術の導入として考えられる。畜産農業では、靴底消毒の徹底、オールイン・オールアウト（総入れ替え）方式による飼育管理による疾病予防などがリスク低減技術の導入として考えられる。

⑷　畜産農業のリスクコントロールとしては、鳥インフルエンザなどの発生による出荷制限のリスクを分散するために農場を分散させる方法も考えられる。

⑸　農業共済（ＮＯＳＡＩ制度）は、収量減少リスクに対するリスクファイナンスとして有効な方法であり、農業経営全体をカバーし対象品目は限定されない。

⑹　天候の影響による農業収益の減少や支出の増大に備える金融商品である（公社）日本農業法人協会が会員に提供する「農業版天候デリバティブ」は、気温、降水量、最大風速など収益・支出に関わる一定の指標（インデックス）を定めて、期間中の指標が一定の条件を満たし、損害が実際に発生した場合に所定の金額を支払う仕組みである。

〔答案用紙〕

⑴		⑵		⑶	
⑷		⑸		⑹	

問題24　価格低下リスク　　　　　　　　　　　　　　　　　　　⇒ 解答P.105

以下の文章について正しければ〇、誤っていれば×と解答しなさい。

⑴　水稲は、飼料用米が需給の状況によって価格が変動するのに対して、主食用米の価格は安定的で収入の大半は水田活用の直接支払交付金によって保障されている。そのため、飼料用米から価格安定作物である主食用米へ転換することによって価格低下リスクに備えることが考えられる。

⑵　農産物は出荷時期で価格が大きく変動するため、出荷時期を分散させることで価格低下リスクを分散することが可能となる。販売時期の調整では、作期を調整する方法が一般的であるが、出荷時期の調整のために鮮度維持が可能な保冷庫を活用する方法も考えられる。

⑶　畜産農業においては、肉用牛肥育経営安定交付金制度（牛マルキン）、肉豚経営安定交付金制度（豚マルキン）、肉用子牛生産者補給金制度、鶏卵生産者経営安定対策が存在するが、これらは販売価格と生産コストの差を補填する仕組みになっており、販売価格の低下のみを補填する。

⑷　価格低下リスクに対するリスクファイナンスとして、「収入影響緩和交付金制度（ナラシ対策)」に加入することが考えられる。これは、米、麦、大豆、てん菜、でん粉原料用ばれいしょの収入額の合計が標準的収入額を下回った場合に補填する仕組みである。

〔答案用紙〕

(1)		(2)		(3)	
(4)					

問題25　賠償責任リスク・人的リスク　　　　　　　　　　　　　⇒ 解答 P.106

以下の文章について正しければ○、誤っていれば×と解答しなさい。

(1)　2006年から実施された食品衛生法に基づき、農薬の飛散（ドリフト）が生じた場合、周辺農作物の栽培者に対する損害賠償責任が生じることになったが、自らが栽培した農作物の残留農薬が原因となる購入者の健康被害については、自己責任の観点から原則として賠償責任は発生しない。

(2)　賠償責任リスクを軽減するために、農薬の使用記録を作成して一定期間保管するなど生産履歴記帳を徹底する必要がある。また、農業生産活動の各工程の正確な実施、記録、点検及び評価を行なうことによる持続的な改善活動として農業生産工程管理（ＧＡＰ）に取り組むことも考えられる。

(3)　（公社）日本農業法人協会が提供する食品あんしん制度は、農業法人が製造・加工販売する食品、未加工農産物（卵含む）について、異物混入や基準を超える残留農薬の検出等が発生した場合に、消費者に実際に身体障害が発生したことで法律上の賠償責任を負担したことによる損害に対してのみ保険金を支払う制度である。

(4)　農作業中の事故の発生は、農業生産に大きな影響を及ぼすため、「農作業安全リスクカルテ」の活用などにより、農業機械が要因となる農作業事故の特性を理解し、事故発生を未然に防ぐ取り組みが必要になる。また、ハウス内作業の熱中症のリスクに備え、休憩や水分補給を念頭に入れた作業計画を立案することも人的リスク低減のために必要である。

(5)　労災保険は、労働者の負傷、疾病、障害、死亡などに対して保険給付を行なう制度である。労働者を雇用する場合には、農業法人も個人農業も労働者について労災保険への加入が義務付けられている。

〔答案用紙〕

(1)		(2)		(3)	
(4)		(5)			

問題26　収入保険　　　　　　　　　　　　　　　　　　　　　⇒ 解答P.107

以下の文章について正しければ○、誤っていれば×と解答しなさい。

(1)　収入保険制度は、品目の枠にとらわれずに農業経営全体をカバーすることを目的とするものであり、牛マルキンなどの経営安定対策の対象品目である畜産品目も収入保険の対象品目となる。

(2)　収入保険制度の対象者は、必ず青色申告を5年間継続している農業者でなければならない。

(3)　収入保険制度の加入の条件となる青色申告は、「正規の簿記」（複式簿記）及び「簡易簿記」が該当するが、「現金主義」（現金主義の所得計算による旨の届出書を税務署に提出して申告する）も対象となる。

(4)　収入保険制度の対象収入に加工品は除外する。たとえ、自ら生産した農産物等を加工・販売し、所得税法上の農業所得として申告しても対象収入に含めることはできない。

(5)　補助金は、原則として収入保険制度の対象収入に含めない。ただし、畑作物の直接支払交付金、甘味資源作物交付金、でん粉原料用いも交付金、加工原料乳生産者補給金及び集送乳調整金といった数量払交付金については、実態上、販売収入と一体的に取り扱われているため、販売収入に含めることができる。

(6)　稲作において、収入保険制度に加入する代わりにナラシ対策（収入減少影響緩和対策）に加入することも可能である。ナラシ対策は最大20％までの収入減少にしか対応しておらず、20％を超えるような大幅な価格下落リスクがある場合には、収入保険制度に加入するメリットが大きくなる。

(7)　家族経営では、価格下落によって給与の減額や遅配をすることは許されないため、収入保険制度に加入して、大幅な価格下落があった場合のキャッシュ・フローを確保する必要がある。これに対して、雇用中心経営では、大幅な価格下落があっても数年後に回復するのであれば、自家保険の考え方により、複数年の平均で所得を確保できれば問題ないという考え方も成り立つ。

〔答案用紙〕

(1)		(2)		(3)	
(4)		(5)		(6)	
(7)					

問題27　理論追加問題　　　　　　　　　　　　　　　　　　　　⇒ 解答 P.109

以下の文章について正しければ○、誤っていれば×と解答しなさい。

(1)　リスクマネジメントの手法としては、リスクを構成する要素としての原因に働きかけるリスクファイナンスと、その結果に働きかけるリスクコントロールが存在する。リスクファイナンスの手法としては、リスク低減技術の導入や圃場・農場の分散、品種・作物の選択、経営の複合化などが考えられる。リスクコントロールの手法としては、農業共済への加入などが考えられる。

(2)　日本農業法人協会が提供する食品あんしん制度は、農業法人が製造・加工販売する食品、未加工農産物（卵を含む）について、異物混入や基準を超える残留農薬の検出等が発生した場合に、消費者に身体障害が発生したことにより法律上の賠償責任を負担したことによる損害、また身体障害が発生したり、その恐れが生じたりした場合に負担する各種の費用損害に対し保険金を支払う制度である。

(3)　労働者を雇用する場合、農業法人であっても個人農業であっても雇っている人数にかかわらず労災保険への加入が義務付けられている。また、本来労働者ではないため加入義務のない農業者本人も特定農作業従事者や指定農業機械作業従事者、中小事業主等として、特別加入という形で労災保険に任意加入が可能である。

〔答案用紙〕

(1)		(2)		(3)	

第3章　経営計画

問題28　青色申告決算書の組替え　　　　　　　　　　　　　　　⇒ 解答P.110

　以下の青色申告決算書の組替表を完成させなさい。

〔青色申告決算書の組替表〕（単位：円）

	本年度金額	分類	製造原価 材料費	労務費	経費 減価償却費	償却費以外	販管費等
期首農産物棚卸高	485,000		—	—	—	—	—
期末農産物棚卸高	518,200		—	—	—	—	—
租税公課	962,000	経費					
種苗費	725,000	材料費					
肥料費	2,942,000	材料費					
農具費	748,900	経費					
農薬衛生費	2,020,420	材料費					
諸材料費	1,567,000	材料費					
修繕費	1,258,000	経費（一部販管費）					260,000
動力光熱費	4,287,200	経費（一部販管費）					627,500
作業用衣料費	194,000	労務費					
農業共済掛金	625,500	経費					
荷造運賃手数料	1,897,600	販管費					
雇人費	658,500	労務費					
利子割引料	62,800	販管費					
減価償却費	1,829,600	経費					
土地改良費	185,000	経費					
リース料	974,600	経費					
雑費	12,400	経費					
必要経費小計	21,953,720						

MEMO

問題29　損益計画（売上計画）　　　　　　　　　　　⇒ 解答 P.111

　農業法人である当社は、稲作を行っており、翌期より野菜のハウス栽培も試験的に開始する予定である。現在、向こう5年間の売上計画を立案している。以下の〔想定する事項〕に基づいて、売上計画を行なった場合の各年の予想売上高を答えなさい。

〔想定する事項〕
1．稲作
　⑴　10a当たりの収量を増やすことよりも、品質向上を優先するために10a当たりの収量は従来通りとした。
　⑵　作付面積はX2年度から2haずつ拡大していくと予想する。
　⑶　販売単価の上昇は見込めないものの、品質向上や販売努力によって最低限今の単価を確保することができると仮定する。

2．野菜
　⑴　近隣の実際データや農林水産省、都道府県などが公表する統計をもとに収量、販売単価などの予算を組んだ。
　⑵　0.4haのハウス5棟で試験的に栽培を開始した。年3回転を目標とする。（0.4ha×5棟×3＝6ha）
　⑶　初年度から収量は見込めないため、初年度は理論値の50％、X2年度は60％、X3年度は80％、X4年度とX5年度は理論値通りの収量と想定する。
　⑷　収量の理論値は650kg／10aとする。
　⑸　販売単価は1kg当たり90円で変化しない。

3．売上計画表（解答にあたって利用しなさい。）

作　目	項　目	X1年度	X2年度	X3年度	X4年度	X5年度
稲　作	収量（kg／10 a）	500				
	面積（ha）	12				
	生産量（kg）	60,000				
	販売単価（円／kg）	150				
	売上高（千円）	9,000				
野菜α	収量（kg／10 a）					
	面積（ha）					
	生産量（kg）					
	販売単価（円／kg）					
	売上高（千円）					
合　計	売上高（千円）					

〔答案用紙〕

X1年度予想売上高	千円
X2年度予想売上高	千円
X3年度予想売上高	千円
X4年度予想売上高	千円
X5年度予想売上高	千円

問題30　損益計画　　　　　　　　　　　　　　　　　　　　⇒ 解答P.112

　当社は損益計画を立案中である。以下の〔資料〕に基づき、各年度の当期純利益の金額を答えなさい。

〔資料〕

1．損益計画表

（千円）	現状	X1年度	X2年度	X3年度	X4年度	X5年度
売上高	33,527	35,000	38,000	42,000	45,000	48,500
製造原価（①～④＋棚卸）						
材料費①	7,252	7,700	8,300	9,200	9,800	10,500
労務費②						
減価償却費③	1,500					
減価償却費以外の経費④	6,289	6,800	7,000	7,200	7,400	7,600
売上総利益						
販管費	1,243	1,200	1,250	1,650	1,650	1,650
営業利益						
営業外収益	450	450	450	450	450	450
営業外費用	675					
経常利益（当期純利益）						

2．期首・期末の棚卸は便宜的にゼロとする。

3．売上高は記載の通りとする。

4．材料費については、記載の通りとする。

5．労務費については、事業主本人および家族の労賃（専従者給与）と雇人費の合計である。以下のように見積もる。なお、雇人費は1名当たり年間3,500千円と見積もる。X1年度およびX2年度は、2名を雇用する予定であり、翌年以降は1名ずつ増員していく予定である。

（単位：千円）	現状	X1年度	X2年度	X3年度	X4年度	X5年度
専従者給与①	2,182	2,200	2,200	2,200	2,200	2,200
雇人費②	6,824	?	?	?	?	?
労務費（①＋②）	9,006	?	?	?	?	?

6．１年度期首に新規設備を購入する。取得原価30,000千円、耐用年数10年、定額法、残存価額なしで計算する。なお、旧設備の減価償却費1,500千円はX1年度からX5年度まで同額発生する。

7．減価償却費以外の経費は記載の通りとする。

8．X1年度期首に新規設備購入のため、借入金30,000千円で資金調達を行う。支払利息は、期首元本に対して利率２％で各年度末に支払う。当該借入金は毎期年度末に3,000千円ずつ10年間にわたり返済する。

9．上記のほかに従来より借り入れている借入金に対する支払利息は、期首元本に対して利率1.5％で各年度末に支払う。当該借入金はX1年度期首時点で40,000千円あり、毎期5,000千円ずつ返済する。

10．販管費は（過去３期分の平均や推移を参考に、設備の状況を勘案して計算。）記載の通りとする。

11．営業外収益は記載の通りとする。

12．営業外費用は、借入金の支払利息のみである。

〔答案用紙〕

X1　　年　　度	千円
X2　　年　　度	千円
X3　　年　　度	千円
X4　　年　　度	千円
X5　　年　　度	千円

第31問　変動損益計算書　　　　　　　　　　　　　　　　　　　　　⇒解答P.114

　以下の〔資料〕の空欄を埋めて、各作目の10 a 当たり限界利益と売上高材料費比率、さらに最終的な営業利益額を求めなさい。なお、計算結果に端数が生じる場合には、10 a 当たり限界利益は円未満を四捨五入、売上高材料費比率は％以下第3位を四捨五入して第2位までで解答しなさい。

　売上高材料費比率は、営業収益に対する材料費の金額として計算することとする。

〔資料〕（単位：円）

作　　目		主食用米	飼料用米	大豆	合計
年　　度		当年度計画	当年度計画	当年度計画	当年度計画
作付面積（ha）		15	15	10	
変動益	売上高（販売金額）	12,000,000	5,200,000	1,620,000	
	価格補填収入		22,000,000	3,388,000	
	営業収益	12,000,000	27,200,000	5,008,000	
	（内部売上高）				
	作付助成収入	1,050,000	0	3,080,000	
	変動益合計				
変動費	種苗費	250,000	260,000	120,000	
	肥料費	1,500,000	1,050,000	750,000	
	諸材料費	1,800,000	650,000	12,000	
	材料費計				
	作業委託費	150,000	700,000	0	
	（内部委託費）				
	動力光熱費	120,000	180,000	50,000	
	共済掛金	60,000	48,000	20,000	
	とも補償拠出金	42,000	28,000	12,000	
	荷造運賃	85,000	100,000	60,000	
	販売手数料	43,000	45,000	23,000	
	変動費計				
限界利益					
10 a 当たり限界利益					
売上高材料費比率		％	％	％	％
個別固定費		1,523,000	4,230,000	2,362,000	
貢献利益					
				共通固定費	28,600,000
				営業利益	

〔答案用紙〕

	主食用米	飼料用米	大豆
10ａ当たり限界利益	円	円	円
売上高材料費比率	％	％	％

営業利益額 ⬚ 円

| 問題32 | 資金繰表 | ⇒ 解答 P.117 |

　以下の〔資料〕に基づき、資金繰表を完成させX1年度〜X5年度の期末現預金残高を答えなさい。

〔資料〕

１．年次資金繰表（単位：千円）

	X1年度	X2年度	X3年度	X4年度	X5年度
税引前当期純利益	7,890	9,850	8,560	6,890	6,215
減価償却費					
法人税等の支払額（前期税金）	2,200				
消費税等の支払額	1,260	1,520	1,724	1,875	1,620
固定資産の取得					
借入金による資金調達					
借入金の返済					
支払利息					
期首現預金残高	1,500				
当期現預金増減					
期末現預金残高					

２．資金繰表の各項目に関する資料

(1)　固定資産50,000千円の取得のために50,000千円をX1年度期首に金融機関より借入れた。当該借入金については、X1年度期末より10年間で均等返済を行う。金利は期首残高に対して、2.5%である。

(2)　新規購入の固定資産50,000千円は、耐用年数10年、残存価額ゼロ、定額法で減価償却を実施する。

(3)　(2)のほかに従来設備の減価償却費が毎期1,200千円発生する。

(4)　期首・期末の棚卸資産はゼロと仮定する。

(5)　売掛債権、仕入債務については便宜的に考慮外とする。

⑹　法人税は、税引前当期純利益の30％であり、翌年度に支払いがなされるものとする。

〔答案用紙〕

X1年度期末現預金残高	千円
X2年度期末現預金残高	千円
X3年度期末現預金残高	千円
X4年度期末現預金残高	千円
X5年度期末現預金残高	千円

問題33　売上計画表　追加問題　　　　　　　　　　　　⇒ 解答P.119

　以下の〔資料〕に基づいて、売上計画表の空欄（　1　）～（　6　）に入る金額を答え
なさい。

〔資料〕

１．稲作に関して

⑴　10a当たりの収量を増やすよりも品質向上を優先して、10a当たり収量は現状のま
　まである。

⑵　作付面積はX1年度から2haずつ拡大していく。

⑶　販売単価の上昇は見込めないものの、品質向上と販売努力で最低限の現状価格
　（200円／kg）を維持することを目指す。

２．野菜αに関して

⑴　農水省や都道府県の統計をもとに予算を組んだ。

⑵　0.5haのハウス5棟での試験的な栽培開始、年4回転を目標（面積0.5ha× 5 × 4
　＝10ha）とする。

⑶　初年度から収量は見込めないため、初年度は理論値（600kg／10a）の60％、X2年
　度は70％、X3年度は80％と想定。X4年度、X5年度は理論値通りを予定する。

⑷　販売単価は1kg当たり150円で変化しない。

売上計画表

作　目	項　目	X1年度	X2年度	X3年度	X4年度	X5年度
稲　作	収量（kg／10 a）	450				
	面積（ha）	18				
	生産量（kg）	81,000				
	販売単価（円／kg）					
	売上高（千円）		（　2　）		（　4　）	
野菜 α	収量（kg／10 a）					
	面積（ha）					
	生産量（kg）					
	販売単価（円／kg）					
	売上高（千円）					（　5　）
合　計	売上高（千円）	（　1　）		（　3　）		（　6　）

〔答案用紙〕

（　1　）	
（　2　）	
（　3　）	
（　4　）	
（　5　）	
（　6　）	

問題34　資金繰表　追加問題　　　　　　　　　　　　　⇒ 解答P.120

　以下の〔資料〕に基づいて、年次資金繰表の空欄（　1　）～（　3　）に入る金額を答えなさい。

〔資料〕

1．年次資金繰表（単位：千円）

	X1年度	X2年度	X3年度
税引前当期純利益	6,200	4,200	11,040
減価償却費			
法人税等の支払額（前期の税金）	2,800		
消費税等の支払額	620	640	720
固定資産の取得			
借入金による資金調達			
借入金の返済			
支払利息			
期首現預金残高（＝前期末現預金残高）	200		
当期現預金増減			
期末現預金残高	（　1　）	（　2　）	（　3　）

2．年次資金繰表作成のための資料

⑴　固定資産25,000千円の取得の為に、金融機関からX1年度期首に25,000千円を借入れる。

⑵　新規固定資産25,000千円はX1年度期首に事業の用に供しており、耐用年数10年、残存価額ゼロ、減価償却は定額法で計算する。その他に旧設備の減価償却費が3,500千円毎期発生する見込みである。

⑶　借入金25,000千円は、当期首に借入を行い、据置期間は設けず、5年間で均等返済する。利息は、期首残高に対し年利2％で毎年支払うことになる。

⑷　期首・期末の棚卸資産はゼロである。

⑸　売掛債権、仕入債務等その他の情報については便宜的に考慮外とする。

⑹　法人税等の支払額は、前期税引前当期純利益の30％を計上する。

〔答案用紙〕

（　1　）	
（　2　）	
（　3　）	

[問題35]　農業経営の目標　　　　　　　　　　　　　　　　　⇒ 解答P.122

以下の文章について正しければ○、誤っていれば×と解答しなさい。

(1)　経営理念をもとに具体的な経済的目標を設定して計画を立てることが、経営計画である。経営計画は、10年超の計画である「長期計画」、3～5年程度の「中期計画」、今後の1年の計画である「短期計画」に分類される。

(2)　農業経営改善計画を市町村に提出し、計画について認定を受けた農業者は、認定農業者となる。①計画が市町村基本構想に照らして適切なものであること、②計画が農用地の効率的かつ総合的な利用を図るために適切なものであること、③計画の達成される見込みが確実であること、これらのいずれかの要件を満たすことが認定のために必要である。

(3)　農業経営改善計画書には、経営規模の拡大に関する目標、生産方式の合理化の目標、経営管理の合理化の目標、農業従事の態様の改善の目標について3年以内の計画を記載する。

〔答案用紙〕

(1)		(2)		(3)	

問題36　規模拡大・設備投資　　　　　　　　　　　　　　　⇒ 解答 P.123

以下の文章について正しければ○、誤っていれば×と解答しなさい。

⑴　個人事業の場合の青色申告決算書等における損益計算書には、事業主本人や家族の労賃が経費に計上されていないため、損益計画においても当該労賃は計上する必要はない。

⑵　損益計画の策定にあたり、減価償却について税務上定額法の採用が認められている資産については、定率法よりも前倒しで費用計上できるため、税負担・資金繰りの観点からは有利という特徴がある。

⑶　損益計画の策定にあたり、設備投資に際して固定資産の取得のために交付を受ける補助金については、臨時的な利益（特別利益）として把握し、圧縮記帳との関係に留意が必要である。

⑷　損益計画の策定にあたり、借入金の返済金額は損益計算に影響し、資金繰りにも大きく影響するため留意する必要がある。

〔答案用紙〕

⑴		⑵		⑶	
⑷					

問題37　６次産業化　　　　　　　　　　　　　　　　　　　⇒ 解答P.124

以下の文章について正しければ○、誤っていれば×と解答しなさい。

(1)　６次産業化の成功のための最大のポイントは、新たに進出する２次産業または３次産業の事業が、「単体の事業として成り立つものであること」であり、既存の農業経営の延長線上の事業ではなく、まったく新しい異なる事業であることを認識して計画する必要が農業者にはある。

(2)　農地所有適格法人が６次産業化を行う場合、法人経営が同法人内で新たな事業部として６次産業化の事業に進出するケースでも、新たな法人を設立して新事業を運営するケースでも、農地所有適格法人の要件を満たす範囲内での活動に制限されることになる。

(3)　６次産業化に特化した資金調達方法である。スーパーW資金（農林漁業施設資金・アグリビジネス強化計画）は、日本政策金融公庫の制度融資である。

(4)　スーパーW資金（農林漁業施設資金・アグリビジネス強化計画）は、農業事業者が農産物の加工・販売などを行うために設立したアグリビジネス法人が融資対象であり、その対象範囲にはすべての農業事業者が含まれる。

〔答案用紙〕

(1)		(2)		(3)	
(4)					

問題38　短期経営計画の策定　　　　　　　　　　　　　　⇒ 解答 P.125

以下の文章について正しければ○、誤っていれば×と解答しなさい。

(1)　短期経営計画の策定にあたり、農業事業者は販売単価の高い、すなわち収益力の高い作目を優先的に選定しなければならない。

(2)　最小限の設備投資で利益の最大化を目指す方法として、播種から収穫までの期間が短く、年間を通じて数回の収穫が可能な作目を選定する方法も考えられる。ただし、その場合には連作障害に留意する必要性がある。

(3)　収入保険制度における営農計画書においては、当年に営農を行う全ての農産物の種類ごとに、作付予定面積、作付期、収穫期の予定を必ず記載しなければならない。

(4)　収入保険制度における営農計画書において、基準収入の算定に際し規模拡大特例の適用を希望する場合には、「経営面積の合計」欄に当年の経営面積を記載するとともに、経営面積を確認できる書類（農地台帳など）を添付する。

(5)　収入保険制度における「保険期間の営農計画に基づく保険期間中に見込まれる農業収入金額」は、過去3年間の平均収入を基本とする「基準収入」を保険期間の営農計画に基づいて修正する際に使用するものである。

(6)　作目別変動損益計算書の作成にあたり、限界利益の算出においては売上高の代わりに「変動益」を用いる。変動益とは、生産規模の増減に応じて比例的に増減する収益をいい、変動益には営業収益に属する項目のみが含まれる。

〔答案用紙〕

(1)		(2)		(3)	
(4)		(5)		(6)	

問題39　資金計画　　　　　　　　　　　　　　　⇒ 解答P.126

以下の文章について正しければ○、誤っていれば×と解答しなさい。

(1)　ＪＡバンクの農業近代化資金は、建物、構築物、農機具等の取得や改良、果樹等植栽育成、家畜購入育成、小規模な土地改良、経営規模拡大や経営管理の合理化等の長期運転資金など、使途が幅広く最も一般的な長期資金であるが、その対象は認定農業者（認定新規就農者含む）に限られる。

(2)　日本政策金融公庫資金であるスーパーＬ資金は、認定農業者を対象として農業経営改善計画の達成に必要な資金の融資を受けることができるものであり、個人の場合申請時点で簿記記帳を行っていることが条件となる。

(3)　日本政策金融公庫資金である農業改良資金は、農業経営における6次産業化（生産・加工・販売の新部門の開始）や、品質・収量の向上、コスト・労働力削減のための新たな取組みに必要な長期資金を無利子で融資する制度であり、農業改良措置に関する計画の実施に必要な資金が対象となるが、国の補助金を財源に含む補助事業（事業負担金を含む）や地方公共団体の単独補助事業、融資残補助事業（経営体育成支援事業）も対象となる。

(4)　日本政策金融公庫資金である農業改良資金は、農業改良措置に関する計画の実施に必要な資金が対象となる。これは、農業改良措置の内容について都道府県知事から認定を受けた経営改善資金計画書のことであり、新たな農業部門の開始（従来取り扱っていない作目、品種への進出）、新たな加工事業の開始、農産物又は加工品の新たな生産方式の導入（新たな技術・取組みを導入して品質・収量の向上やコスト・労働力の削減を目指す場合）、農産物又は加工品の新たな販売方式の導入のすべてを農業改良措置の要件として満たす必要がある。

(5)　日本政策金融公庫資金の経営体育成強化資金は、経営改善資金計画又は経営改善計画に基づいて行う農業経営の改善（前向き投資・償還負担の軽減）を図るための資金が対象となる。

(6) リースによる調達のメリットは、担保が不要な点、短期での実行が可能、動産総合保険による安価な保険料の享受があげられる。これに対して、リースのデメリットは金利がコスト高になる可能性がある点、所有権移転外リースの場合減価償却方法がリース期間の定率法となり、定額法よりも初年度の減価償却費が少なくなる点である。

〔答案用紙〕

(1)		(2)		(3)	
(4)		(5)		(6)	

問題40　理論追加問題1　　　　　　　　　　　　　　　　　　　⇒ 解答P.128

以下の文章について正しければ○、誤っていれば×と解答しなさい。

(1)　6次産業化の成功のための最大のポイントは、新たに進出する2次産業または3次産業の事業が、単体の事業として成り立つものであることである。

(2)　農地を所有している農業法人が6次産業化に取り組む場合、農地所有適格法人の要件を満たす範囲内での活動に制限されるというデメリットがある。

(3)　短期経営計画の作成にあたって、栽培作目の選定に際しては、収益力の高い作目を優先的に選定することになる。収益力の高い作目とは、販売単価の高い作目のことである。

(4)　収入保険においては、補てんの基準となる基準収入は、農業者の過去5年間の平均収入を基本としている。農業者が当年の経営面積を過去よりも拡大する場合、基準収入を上方修正する仕組みにはなっていない。

〔答案用紙〕

(1)		(2)		(3)	
(4)					

問題41　理論追加問題2　　　　　　　　　　　　　　　　⇒ 解答 P.129

以下の文章について正しければ○、誤っていれば×と解答しなさい。

(1)　短期利益計画を作成する際には、変動損益計算書を作成する。変動損益計算書は、変動益（売上高）から変動費を控除して限界利益を計算し、限界利益から固定費を控除して利益を算出する。

(2)　一般的に売上高の増減に応じて増減するかどうかで変動費と固定費を区分するが、農業では作況や市況によって売上高が変動するので、変動費に該当するのは販売手数料だけになってしまう可能性が高い。そのため、農業経営では売上高のかわりに生産規模を基準として原価要素を変動費と固定費に分解することが有用なことが多い。

(3)　変動益とは、生産規模の増減に応じて比例的に増減する収益をいい、変動益には営業収益に属する項目が含まれるが、水田活用の直接支払交付金などの「作付助成収入」は含まない。

(4)　売上高材料費比率は、売上高に占める材料費の割合を示す指標であり、値が大きいほど技術水準が高いことを表していると考えられる。

〔答案用紙〕

(1)		(2)		(3)	
(4)					

解答編

第1章　経営分析

問題1　収益性分析

〔解答〕

(1)	総資本経常利益率	14.91%
(2)	売上高総利益率	32.41%
(3)	売上高営業利益率	19.72%
(4)	売上高経常利益率	21.79%
(5)	売上高当期純利益率	15.26%
(6)	総資本回転率	0.68回
(7)	固定資産回転率	0.87回
(8)	売上高材料費比率	21.45%

〔解説〕

(1) 総資本経常利益率

$$\frac{経常利益}{総資本} = \frac{3,160千円}{21,190千円} \times 100 = 14.912\cdots\% \fallingdotseq 14.91\%$$

(2) 売上高総利益率

$$\frac{売上総利益}{売上高} = \frac{4,700千円}{14,500千円} \times 100 = 32.413\cdots\% \fallingdotseq 32.41\%$$

(3) 売上高営業利益率

$$\frac{営業利益}{売上高} = \frac{2,860千円}{14,500千円} \times 100 = 19.724\cdots\% \fallingdotseq 19.72\%$$

(4) 売上高経常利益率

$$\frac{経常利益}{売上高} = \frac{3,160千円}{14,500千円} \times 100 = 21.793\cdots\% \fallingdotseq 21.79\%$$

(5) 売上高当期純利益率

$$\frac{当期純利益}{売上高} = \frac{2,212千円}{14,500千円} \times 100 = 15.255\cdots\% \fallingdotseq 15.26\%$$

⑹　総資本回転率

$$\frac{売上高}{総資本}=\frac{14,500千円}{21,190千円}=0.684\cdots 回 \fallingdotseq 0.68回$$

⑺　固定資産回転率

$$\frac{売上高}{固定資産}=\frac{14,500千円}{16,700千円}=0.868\cdots 回 \fallingdotseq 0.87回$$

⑻　売上高材料費比率

$$\frac{{}^{*}材料費}{売上高}=\frac{3,110千円}{14,500千円}\times 100=21.448\cdots \% \fallingdotseq 21.45\%$$

＊：製造原価報告書の材料費合計より

問題2　安全性分析

〔解答〕

(1)	当座比率	164.44%
(2)	流動比率	199.56%
(3)	固定長期適合率	88.17%
(4)	自己資本比率	68.15%
(5)	売上高現預金比率	10.34%

〔解説〕

(1)　当座比率

$$\frac{当座資産}{流動負債} = \frac{1,500千円 + 2,200千円}{2,250千円} \times 100 = 164.444\cdots\% \fallingdotseq 164.44\%$$

(2)　流動比率

$$\frac{流動資産}{流動負債} = \frac{4,490千円}{2,250千円} \times 100 = 199.555\cdots\% \fallingdotseq 199.56\%$$

(3)　固定長期適合率

$$\frac{固定資産}{純資産（自己資本）+ 長期借入金} = \frac{16,700千円}{14,440千円 + 4,500千円} \times 100$$
$$= 88.173\cdots\% \fallingdotseq 88.17\%$$

(4)　自己資本比率

$$\frac{純資産（自己資本）}{総資本} = \frac{14,440千円}{21,190千円} \times 100 = 68.145\cdots\% \fallingdotseq 68.15\%$$

(5)　売上高現預金比率

$$\frac{^*現金預金}{売上高} = \frac{1,500千円}{14,500千円} \times 100 = 10.344\cdots\% \fallingdotseq 10.34\%$$

＊：貸借対照表より

問題3　生産性分析1

〔解答〕

問1　8,350千円

問2　8,830千円

〔解説〕

問1

原材料費：3,110千円（製造原価報告書の材料費合計）

支払経費：水道光熱費　　140千円（損益計算書の販売費及び一般管理費より）

その他販管費　1,220千円（損益計算書の販売費及び一般管理費より）

作業委託費　　840千円（製造原価報告書の経費より）

諸　会　費　　280千円（製造原価報告書の経費より）

修　繕　費　　560千円（製造原価報告書の経費より）

合　計　3,040千円

付加価値の算定　14,500千円－(3,110千円＋3,040千円)＝8,350千円
　　　　　　　　　売上高　　　　　原材料費　　　支払経費

問2

人　件　費：　3,060千円（製造原価報告書の労務費合計）

金融費用：　180千円（損益計算書の「支払利息」）

賃　借　料：　1,080千円（製造原価報告書の経費の「支払地代」）

620千円（製造原価報告書の経費の「賃借料」）

合　計：　1,700千円

租税公課：　180千円（損益計算書の「租税公課」）

減価償却費：　300千円（損益計算書の「減価償却費」）

250千円（製造原価報告書の「減価償却費」）

合　計：　550千円

付加価値の算定　3,160千円＋3,060千円＋180千円＋1,700千円＋180千円＋550千円
　　　　　　　　　経常利益　　　人件費　　　金融費用　　　賃借料　　　租税公課　　減価償却費
＝8,830千円

問題4　生産性分析2

〔解答〕

問1　　8,560千円

問2
付　加　価　値　率	72.08%
従業員一人当たり売上高	11,875千円

問3
資　本　集　約　度	9,275千円
総　資　本　回　転　率	1.28回

問4
労　働　装　備　率	5,100千円
有形固定資産回転率	2.33回

問5　　68.87%

問6　　5,895千円

〔解説〕

問1　労働生産性の算定

$$労働生産性 = \frac{付加価値額}{従業員数（年平均）} = \frac{68,480千円}{8人} = 8,560千円$$

問2　労働生産性の付加価値率と従業員一人当たり売上高への分解

$$労働生産性 = \frac{付加価値額}{売上高} \times \frac{売上高}{従業員数（年平均）}$$

付加価値率　従業員一人当たり売上高

$$付加価値率 = \frac{68,480千円}{95,000千円} \times 100 = 72.084\cdots\% ≒ 72.08\%$$

$$従業員一人当たり売上高 = \frac{95,000千円}{8人} = 11,875千円$$

問3　従業員一人当たり売上高の資本集約度と総資本回転率への分解

$$従業員一人当たり売上高 = \frac{総資本（年平均）}{従業員数（年平均）} \times \frac{売上高}{総資本（年平均）}$$
資本集約度　　　　　　　　総資本回転率

$$資本集約度 = \frac{74,200千円}{8人} = 9,275千円$$

$$総資本回転率 = \frac{95,000千円}{74,200千円} = 1.280\cdots回 ≒ 1.28回$$

問4　従業員一人当たり売上高の労働装備率と有形固定資産回転率への分解

$$従業員一人当たり売上高 = \frac{有形固定資産（年平均）}{従業員数（年平均）} \times \frac{売上高}{有形固定資産（年平均）}$$
労働装備率　　　　　　　　有形固定資産回転率

$$労働装備率 = \frac{40,800千円}{8人} = 5,100千円$$

$$有形固定資産回転率 = \frac{95,000千円}{40,800千円} = 2.328\cdots回 ≒ 2.33回$$

問5　付加価値労働分配率の算定

$$付加価値労働分配率 = \frac{人件費}{付加価値額} = \frac{47,160千円}{68,480千円} \times 100 = 68.866\cdots\% ≒ 68.87\%$$

問6　付加価値労働分配率を一人当たり人件費と労働生産性に分解した場合の一人当たり人件費の算定

$$一人当たり人件費 = \frac{人件費}{従業員数（年平均）} = \frac{47,160千円}{8人} = 5,895千円$$

問題5　損益分岐点分析

〔解答〕

問1	40％

問2	1,125,000円

問3	43.8％

問4	2,125,000円

〔解説〕

問1　限界利益率の算定

800,000円÷2,000,000円×100＝40％

問2　損益分岐点売上高の算式

$$損益分岐点売上高＝\frac{固定費}{1－変動費／売上高}$$

損益分岐点は営業利益がゼロのところであるため、損益計算書の営業利益の金額をゼロとして、下から遡って売上高を計算する。（単位：円）

```
売　上　高　1,125,000 ◄┐
変　動　費　　675,000  │ ÷40％（限界利益率）
限界利益　　　450,000 ─┘
固　定　費　　450,000
営業利益　　　　　　0
```

450,000円÷0.4＝1,125,000円

問3　安全余裕率は、予定される売上高がどれだけ損益分岐点売上高から余裕があるのかを示す指標である。

（2,000,000円－1,125,000円）÷2,000,000円×100＝43.75％≒43.8％
　　予定売上高　　損益分岐点売上高

| 問 4 | 希望営業利益達成売上高の算式 |

$$\text{希望営業利益達成のための売上高} = \frac{\text{固定費} + \text{目標利益}}{\text{限界利益率（1 －変動費／売上高）}}$$

希望営業利益額を先に損益計算書の営業利益に入れて、下から遡って売上高を算定する。

```
売　上　高   2,125,000 ◄─┐
変　動　費   1,275,000     │ ÷40%（限界利益率）
　限界利益     850,000 ──┘
固　定　費     450,000
　営業利益     400,000
```

（400,000円 ＋ 450,000円）÷ 0.4 ＝ 2,125,000円

$\boxed{\text{問題6}}$　借入金分析

〔解答〕

$\boxed{\text{問1}}$　┃　　　　　　4.39ヶ月　┃

$\boxed{\text{問2}}$　┃　　　　　　1.09年　┃

$\boxed{\text{問3}}$　┃　　　　　　25.01%　┃

$\boxed{\text{問4}}$　┃　　　　　　36.55%　┃

〔解説〕

$\boxed{\text{問1}}$

$$有利子負債月商比率 = \frac{短期借入金 + 長期借入金}{年間売上高 \div 12}$$

$$\frac{800千円 + 4,500千円}{14,500千円 \div 12} = 4.386\cdots ヶ月 \fallingdotseq 4.39ヶ月$$

$\boxed{\text{問2}}$

$$債務償還年数 = \frac{要償還債務}{簡便的な営業キャッシュ・フロー}$$

（注1）　要償還債務 ＝ 短期借入金 ＋ 長期借入金 － 正常運転資金

　　　　　（正常運転資金 ＝ 売掛金 ＋ 棚卸資産 － 買掛金）

（注2）　簡便的な営業キャッシュ・フロー ＝ 経常利益 ＋ 減価償却費

正常運転資金 ＝ 2,200千円 ＋ 250千円 － 1,200千円 ＝ 1,250千円

要償還債務 ＝ 800千円 ＋ 4,500千円 － 1,250千円 ＝ 4,050千円

簡便的な営業キャッシュ・フロー ＝ 3,160千円 ＋ 300千円 ＋ 250千円 ＝ 3,710千円

$$債務償還年数 = \frac{4,050千円}{3,710千円} = 1.091\cdots 年 \fallingdotseq 1.09年$$

$\boxed{\text{問3}}$

$$借入依存度 = \frac{短期借入金 + 長期借入金}{総資産} \times 100$$

$$\frac{800千円 + 4,500千円}{21,190千円} \times 100 = 25.011\cdots\% \fallingdotseq 25.01\%$$

問 4

$$売上高借入金比率 = \frac{短期借入金 + 長期借入金}{年間売上高} \times 100$$

$$\frac{800千円 + 4,500千円}{14,500千円} \times 100 = 36.551\cdots\% \fallingdotseq 36.55\%$$

問題7　キャッシュ・フロー分析

〔解答〕

問1	52.11%
問2	97.94%
問3	1.24%

〔解説〕

問1

$$営業キャッシュ・フロー対有利子負債比率 = \frac{営業キャッシュ・フロー}{有利子負債} \times 100$$

$$\frac{2,762千円}{800千円 + 4,500千円} \times 100 = 52.113\cdots\% ≒ 52.11\%$$

問2

営業キャッシュ・フロー対投資キャッシュ・フロー比率

$$= \frac{営業キャッシュ・フロー}{投資キャッシュ・フロー} \times 100$$

$$\frac{2,762千円}{2,820千円} \times 100 = 97.943\cdots\% ≒ 97.94\%$$

問3

$$売上高対支払利息率 = \frac{支払利息}{売上高} \times 100$$

$$\frac{180千円}{14,500千円} \times 100 = 1.241\cdots\% ≒ 1.24\%$$

[問題 8]　利益増減分析

〔解答〕

[問 1]

数　量　差　異　額	− 25,000円
価　格　差　異　額	11,500円

[問 2]

面　積　差　異　量	− 200kg
単　収　差　異　量	150kg

〔解説〕

[問 1]

売上増減額　586,500円[*1] − 600,000円[*2] = − 13,500円

数量差異額　(1,150kg − 1,200kg) × 500円／kg = − 25,000円

価格差異額　(510円／kg − 500円／kg) × 1,150kg = 11,500円

＊ 1：当年度売上高　1,150kg × 510円／kg = 586,500円

＊ 2：前年度売上高　1,200kg × 500円／kg = 600,000円

[問 2]　数量差異の分解

前年度単収　1,200kg ÷ 300 a = 4 kg／a

当年度単収　1,150kg ÷ 250 a = 4.6kg／a

面積差異量　(250 a − 300 a) × 4 kg／a = − 200kg

単収差異量　(4.6kg／a − 4 kg／a) × 250 a = 150kg

＜参考＞

面積差異　− 200kg × 500円／kg = − 100,000円

単収差異　150kg × 500円／kg = 75,000円

$\boxed{\text{問題9}}$　財務分析追加問題

〔解答〕

$\boxed{\text{問1}}$	5.20%

$\boxed{\text{問2}}$	11.00%

$\boxed{\text{問3}}$	0.47回

$\boxed{\text{問4}}$	80.06%

$\boxed{\text{問5}}$	103.04%

$\boxed{\text{問6}}$	11.67%

〔解説〕

$\boxed{\text{問1}}$

$\dfrac{\text{経常利益}}{\text{総資本}} = \dfrac{1,320\text{千円}}{25,390\text{千円}} \times 100 = 5.198\cdots\% \fallingdotseq 5.20\%$（％以下第3位を四捨五入）

$\boxed{\text{問2}}$

$\dfrac{\text{経常利益}}{\text{売上高}} = \dfrac{1,320\text{千円}}{12,000\text{千円}} \times 100\% = 11.00\%$

$\boxed{\text{問3}}$

$\dfrac{\text{売上高}}{\text{総資本}} = \dfrac{12,000\text{千円}}{25,390\text{千円}} = 0.472\cdots\text{回} \fallingdotseq 0.47\text{回}$（小数点以下第3位を四捨五入）

$\boxed{\text{問4}}$

$\dfrac{\text{流動資産}}{\text{流動負債}} = \dfrac{2,690\text{千円}}{3,360\text{千円}} \times 100 = 80.059\cdots\% \fallingdotseq 80.06\%$（％以下第3位を四捨五入）

$\boxed{\text{問5}}$

$\dfrac{\text{固定資産}}{\text{自己資本}+\text{長期借入金}} = \dfrac{22,700\text{千円}}{(13,400\text{千円}+8,630\text{千円})}$

$= 103.041\cdots\% \fallingdotseq 103.04\%$（％以下第3位を四捨五入）

$\boxed{\text{問6}}$

$\dfrac{\text{現金預金}}{\text{売上高}} = \dfrac{1,400\text{千円}}{12,000\text{千円}} \times 100 = 11.666\cdots\% \fallingdotseq 11.67\%$（％以下第3位を四捨五入）

問題10 生産性分析追加問題

〔解答〕

問1	6,062,500円
問2	60.63%
問3	65.98%

〔解説〕

問1

$$\frac{付加価値額}{従業員数} = \frac{48,500,000円}{8名} = 6,062,500円$$

問2

$$\frac{付加価値額}{売上高} = \frac{48,500,000円}{80,000,000円} = 60.625\% \fallingdotseq 60.63\% \quad （\%以下第3位を四捨五入）$$

問3

$$\frac{人件費}{付加価値額} = \frac{32,000,000円}{48,500,000円} = 65.979\cdots \fallingdotseq 65.98\% \quad （\%以下第3位を四捨五入）$$

問題11　農業経営の財務諸表の特徴

〔解答〕

(1)	×	(2)	×	(3)	×
(4)	○	(5)	×	(6)	○
(7)	×	(8)	○	(9)	×
(10)	×	(11)	○	(12)	×

〔解説〕

(1)　誤りである。

　　農業特有の会計基準として（一社）全国農業経営コンサルタント協会及び（公社）日本農業法人協会が**「農業の会計に関する指針（以下「農業会計指針」)」**を公表している。農業法人のみならず、企業的経営を目指す個人農業者も含めた「農企業」を対象とした会計処理の拠り所が示されている。農企業は、「農業会計指針」に拠り計算書類を作成することが推奨される。

(2)　誤りである。

　　農企業の貸借対照表における資産および負債の配列は、原則として**流動性配列法**によるものとする。流動性配列法とは、資産の部を流動資産、固定資産、繰延資産の順、負債の部を流動負債、固定負債の順に配列し、負債の部の次に純資産の部を記載する方法である。

(3)　誤りである。

　　正常営業循環基準と１年基準の適用例の説明が逆である。

　　貸付金や借入金などを流動・固定項目に分類するときに**１年基準**が用いられ、受取手形、売掛金、仕掛品、支払手形、買掛金などを流動・固定項目に分類するときに**正常営業循環基準**が用いられる。

(4)　正しい。

　　費用収益対応の原則は、費用及び収益の発生源泉別分類と対応表示を要求したものである。

(5)　誤りである。

　　農企業の正常な収益力を示す利益は、当期純利益ではなく**経常利益**である。

(6)　正しい。

(7)　誤りである。

　　退職給付制度を採用している農業法人においては、労務費として「退職給付引当金繰
入額」を利用する。中小企業退職金共済制度、特定退職金共済制度のように拠出以後に
追加的な負担が生じない外部拠出型の制度については、当該制度に基づく要拠出額であ
る掛金を「**福利厚生費**」として処理する。

(8)　正しい。

(9)　誤りである。

　　現金同等物とは、容易に換金可能であり、**かつ**、価値の変動について僅少なリスクし
か負わない短期投資である。

(10)　誤りである。

　　財務活動によるキャッシュ・フローは、営業活動及び投資活動を維持するために調達
又は返済したキャッシュ・フローを示すものである。

(11)　正しい。

(12)　誤りである。

　　投資活動によるキャッシュ・フロー及び財務活動によるキャッシュ・フローの表示方
法については、原則として主要な取引ごとにキャッシュ・フローを総額で表示すること
が要求されている。ただし、期間が短く、**かつ**、回転が速い項目に係るキャッシュ・フ
ローは純額で表示することができる。

問題12　個人農業者の青色申告決算書の組み替え

〔解答〕

(1)	○	(2)	×	(3)	×
(4)	×	(5)	×	(6)	×
(7)	×	(8)	○	(9)	×
(10)	○	(11)	×	(12)	×
(13)	×	(14)	○	(15)	×
(16)	×				

〔解説〕

(1)　正しい。

(2)　誤りである。

　　青色申告決算書の損益計算書は、営業損益計算、経常損益計算及び純損益計算の区分
表示がなされず、また、製造原価報告書も作成されないため、「製造原価」と「販売費
及び一般管理費」の区分がない。

(3)　誤りである。

　　青色申告をする場合でも55万円又は65万円の青色申告特別控除を受けない申告者は、
貸借対照表の添付の必要がないため、貸借対照表自体が作成されないことがある。

(4)　誤りである。

　　青色申告決算書の組み替えにあたって、「普通預金・その他の預金」にマイナスの口座
残高（当座貸越、営農貸越）がある場合には、流動負債の「短期借入金」に修正する。

(5)　誤りである。

　　青色申告決算書の組み替えにあたって、継続的役務提供による未収金は、「未収収益」
へ組み替え、消費税の還付金の未収額がある場合には「未収消費税等」へ組み替える
が、まとめて「未収入金」としても差し支えない。これらの「未収入金」については、
1年基準を適用し、翌期首から起算して1年以内に入金の期限が到来するものを流動資
産の「未収入金」とし、それ以外は固定資産の投資等の「長期未収入金」へ組み替える。

(6)　誤りである。

　　　青色申告決算書の組み替えにあたって、「農産物等」は流動資産の「製品」に組み替え、「未収穫農産物」は流動資産の「仕掛品」に組み替える。

(7)　誤りである。

　　　青色申告決算書の組み替えにあたって、「未成熟の果樹・育成中の牛馬等」は有形固定資産に「育成仮勘定」として組み替える。

(8)　正しい。

(9)　誤りである。

　　　青色申告決算書の組み替えにあたって、事業主借のうち預貯金および貸付金に対して受け取る利息は、営業外収益の「受取利息」に組み替え、株式や出資金などに対して受け取る配当金は、営業外収益の「受取配当金」に組み替える。

(10)　正しい。

(11)　誤りである。

　　　青色申告決算書の組み替えにあたって、作付面積を基準に交付される交付金等は、営業外収益の「作付助成収入」に組み替える。

(12)　誤りである。

　　　青色申告決算書の組み替えにあたって、配合飼料価格安定基金の補填金は、製造原価報告書の材料費において「飼料補填収入」として飼料費から控除する形式に組み替える。

(13)　誤りである。

　　　青色申告決算書の組み替えにあたって、生産用の固定資産に対する固定資産税・自動車税は製造原価の製造経費の「租税公課」へ組み替える。生産に関係ない印紙税・税込経理方式の場合の消費税などは、販売費及び一般管理費の「租税公課」へ組み替え、同業者団体等の会費は、販売費及び一般管理費の「諸会費」へ組み替えるが、まとめて販売費及び一般管理費に「租税公課・諸会費」などとしても差し支えない。

⒁　正しい。

⒂　誤りである。

　　青色申告決算書の組み替えにあたって、作物や農業用施設の共済掛金、価格補填負担金などは、製造原価の製造経費の「共済掛金」へ組み替え、米の転作や飲用外牛乳生産による減収分の生産者とも補償の拠出金は、製造原価の製造経費の「とも補償拠出金」へ組み替えるが、まとめて製造原価の製造経費に「共済掛金・とも補償拠出金」などとしても差し支えない。

⒃　誤りである。

　　青色申告決算書の組み替えにあたって、生産業務に従事する専従者に係るものは、製造原価の労務費の「賃金手当」に組み替える。販売業務に従事する専従者に係るものは、販売費及び一般管理費の「給料手当」に組み替える。

問題13　収益性分析

〔解答〕

(1)	×	(2)	×	(3)	○
(4)	×	(5)	○	(6)	×
(7)	×	(8)	×	(9)	○

〔解説〕

(1)　誤りである。

　　経営の効率性とは、資本に対してと取引に対しての効率性が存在するが、資本に対しての効率性は**資本利益率**で表され、取引に対しての効率性は**売上高利益率**で表される。

(2)　誤りである。

　　総資本経常利益率は、総資本に対する経常利益の割合であり、企業の収益性を総合的に判定する最も代表的な指標である。投下した資本がどれだけ経常利益をあげたのかを示す比率であり**高い**ほど望ましいといえる。

(3)　正しい。

(4)　誤りである。

　　売上高営業利益率は、売上高に対する営業利益の割合、つまり生産及び販売・管理という営業活動で得た本業の収益性を示し、高いほど望ましいといえる。

(5)　正しい。

(6)　誤りである。

　　総資本回転率は、総資本と売上高の割合を見る指標であり、**売上高**を**総資本**で除して算定される。

(7)　誤りである。

　　固定資産回転率は、固定資産と売上高の割合を見るものであり、経営に投下されている固定資産の運用効率を示す指標である。固定資産回転率は、回数で表され、高いほど望ましいといえる。

(8)　誤りである。

　　売上高材料費比率は、原材料の投入（インプット）に対して生産物の産出（アウトプット）が効率的に行われているかどうかを示す指標であり、当該比率が小さいほど、少ない材料費で多くの売上高を実現する技術水準が高いことを示している。

(9)　正しい。

問題14　安全性分析

〔解答〕

(1)	×	(2)	×	(3)	○
(4)	×				

〔解説〕

(1)　誤りである。

　　安全性分析とは、財務の安全性すなわち債務支払能力について分析するものであり、短期的な債務支払能力を測定することを**流動性分析**と呼び、長期的な視点で債務支払能力を測定することを狭義の安全性分析または**財務構造分析**と呼ぶことがある。

(2)　誤りである。

　　流動比率があまり高すぎると収益性の面で不利になる可能性があるため、一概に高ければ高いほど望ましいとはいえない。

(3)　正しい。

(4)　誤りである。

　　売上高現預金比率は、売上高に対する現預金の割合を示す比率であり、この比率が**小さく**なるほど、売上高から見た現預金の割合は**少なく**なり、経営が不安定になる可能性が高くなる。

[問題15]　生産性分析

〔解答〕

(1)	×	(2)	○	(3)	×
(4)	○				

〔解説〕

(1)　誤りである。

　　労働生産性は、従業員一人当たりが稼ぎ出した付加価値であり、労働の質、すなわち労働時間の効率性の程度を測定する指標であり、高ければ高いほど高能率であることを示す。

(2)　正しい。

(3)　誤りである。

　　単収とは、一定の生産単位（10ａ、１頭など）当りの生産量を示す指標であり、値が大きいほど決められた面積や頭数で多くの生産量を実現する技術水準が高いことを示している。また、生産単位当たり労働時間は、一定の生産単位（10ａ、１頭など）当りの労働時間を表す指標であり、値が小さいほど決められた面積や頭数を少ない労働時間で管理する技術水準が高いことを示している。

(4)　正しい。

問題16　損益分岐点分析

〔解答〕

(1)	○	(2)	×	(3)	×
(4)	×				

〔解説〕

(1)　正しい。

(2)　誤りである。

　実際売上高から損益分岐点売上高を控除した金額を実際の売上高で除したものは、安全余裕率と呼ばれる。これは、損益分岐点売上高と実際の売上高との間にどれだけの余裕があるのかを見る指標である。

　損益分岐点売上高を実際の売上高で除したものは、損益分岐点比率と呼ばれる。

(3)　誤りである。

　耕種経営を前提とした場合、変動費と固定費の分類は、生産効率が一定で耕地面積の増減によって生産量が変化する場合と、耕地面積が一定で生産効率（単位収量）の上下によって生産量が変化する場合によって異なることがある。前者の場合、**面積割りの水利費は変動費、戸割りの水利費は固定費に分類される**が、後者の場合には**水利費はすべて固定費**に分類されることになる。

(4)　誤りである。

　目標利益達成売上高は、固定費に目標利益を加算した金額を**限界利益率**で割り戻すことによって算定される。

問題17　借入金分析

〔解答〕

(1)	×	(2)	○	(3)	×
(4)	×				

〔解説〕

(1)　誤りである。

　　有利子負債月商比率は、月商に対し何か月分の有利子負債を抱えているかを示す指標であり、この数値が高いほど安全性は低いとされる。

(2)　正しい。

(3)　誤りである。

　　借入金依存度とは、総資産に対する借入金の割合を示す指標であり、この数値が高いほど安全性は低いとされる。

(4)　誤りである。

　　生産単位当たり借入金とは、一定の生産単位（10ａ、１頭など）当たりの借入金の割合を示す指標であり、値が大きいほど単位当たりの面積や頭数から見た借入金の負担が大きくなり、経営が不安定になる可能性が高くなる。

問題18　キャッシュ・フロー分析

〔解答〕

(1)	○	(2)	×	(3)	×

〔解説〕

(1)　正しい。

(2)　誤りである。

　　営業キャッシュ・フロー対投資キャッシュ・フロー比率は、営業キャッシュ・フローで投資キャッシュ・フローをどの程度賄えるのかを示す指標であり、この指標が100％を割っている場合、財務キャッシュ・フローで調達するか、現在の手許資金の一部を使って投資活動を実施していることになる。

(3)　誤りである。

　　売上高対支払利息率は、売上高に対する支払利息の割合であり、売上高に対する金利負担を示し、この比率が低いほど経営は安定しているといえる。

問題19　理論追加問題 1

〔解答〕

(1)	×	(2)	×	(3)	○
(4)	○				

〔解説〕

(1)　誤りである。

　　青色申告決算書を組み替えるにあたり、「普通預金」の中に当座貸越や営農貸越といったマイナスの口座残高が存在する場合には、**流動負債の「短期借入金」**に修正する。

(2)　誤りである。

　　青色申告決算書を組み替えるにあたり、「未収穫農産物」は貸借対照表流動資産の**「仕掛品」**へ組み替える。流動資産の「製品」に組み替えるのは、青色申告決算書の「農産物等」である。

(3)　正しい。

(4)　正しい。

| 問題20 | 理論追加問題2 |

〔解答〕

(1)	○	(2)	○	(3)	×
(4)	×				

〔解説〕

(1)　正しい。

(2)　正しい。

(3)　誤りである。

　　自己資本比率は、総資本に対する自己資本の割合であり、その割合が高いほど経営の安定性が高いことを示す。

(4)　誤りである。

　　生産単位当たり労働時間は、一定の生産単位（10 a 、1頭など）当たりの労働時間を示す指標であり、値が小さいほど技術水準が高いことを示す。

| 問題21 | 理論追加問題 3 |

〔解答〕

(1)	○	(2)	×	(3)	○
(4)	×				

〔解説〕

(1)　正しい。

(2)　誤りである。

　　営業キャッシュ・フロー対投資キャッシュ・フロー比率は、営業キャッシュ・フローで投資キャッシュ・フローをどの程度賄えるかを示す指標であり、一般的に100％以上が望ましいとされる。

(3)　正しい。

(4)　誤りである。

　　売上高の増減額は、数量差異額と価格差異額に分解することができる。当年度数量と前年度数量の差に前年度単価を乗じたものが数量差異額、当年度単価と前年度単価の差に当年度数量を乗じたものが価格差異額となる。

第2章　経営改善

　問題22 | 非財務情報を用いた経営改善手法

〔解答〕

(1)	○	(2)	×	(3)	×
(4)	×	(5)	×	(6)	×

〔解説〕

(1)　正しい。

(2)　誤りである。

　　農業経営にバランスト・スコアカードを利用する場合には、一般的な企業経営とは異なり、「地域（資源）の視点」や「環境の視点」といった農業独自の視点を創設することも広く主張される。「地域（資源）の視点」では、地元密着型の農業経営を志向して農産物の出荷を行うことが、地域の人材を積極的に採用することによって地元経済への貢献を行うなどを目標とした業績評価尺度が考えられる。「環境の視点」では、地元地域環境のみならず、地球環境への貢献や配慮までも業績評価尺度として取り入れることも考えられる。

(3)　誤りである。

　　「売り手の交渉力」とは供給業者と自社との力関係によって自社の経営環境が大きく影響を受けることをいう。

(4)　誤りである。

　　安価な輸入牛肉が市場に投入されることによって豚肉の需要が奪われ養豚業者の収益性が低下するケースは、ポーターの5つの競争要因のうち「代替品（の脅威）」の典型的な具体例といえる。

(5)　誤りである。

　　SWOT分析は、自らの経営資源の何が強みであり、何が弱みなのかを明らかにする内部環境分析と、何がチャンス（機会）であり、何が脅威と捉えるかを明らかにする外部環境分析から成り立つ。

⑹　誤りである。

　　農産物原価を競合生産者よりも引き下げることによって低価格で販売するという競争戦略は、コスト・リーダーシップ戦略をいわれる。

　　問題23　　収量減少リスク

〔解答〕

(1)	○	(2)	×	(3)	○
(4)	○	(5)	×	(6)	×

〔解説〕

(1)　正しい。

(2)　誤りである。

　　リスクコントロールとしては、リスク低減技術の導入や圃場・農場の分散、品種・作物の選択、経営の複合化などが考えられる。また、リスクファイナンスとしては、農業共済への加入などの方法が考えられる。

(3)　正しい。

(4)　正しい。

(5)　誤りである。

　　農業共済（ＮＯＳＡＩ制度）は、農業経営全体をカバーするものではなく、対象品目が限定されている。

(6)　誤りである。

　　天候の影響による農業収益の減少や支出の増大に備える金融商品である（公社）日本農業法人協会が会員に提供する「農業版天候デリバティブ」は、気温、降水量、最大風速など収益・支出に関わる一定の指標（インデックス）を定めて、期間中の指標が一定の条件を満たした場合には、**損害の有無に関係なく**所定の金額を支払う仕組みになっている。

　問題24　価格低下リスク

〔解答〕

(1)	×	(2)	○	(3)	×
(4)	○				

〔解説〕

(1)　誤りである。

　　水稲は、主食用米が需給の状況によって価格が変動するのに対して、飼料用米の価格は安定的で収入の大半は水田活用の直接支払交付金によって保障されている。そのため、主食用米から価格安定作物である飼料用米へ転換することによって価格低下リスクに備えることが考えられる。

(2)　正しい。

(3)　誤りである。

　　畜産農業においては、肉用牛肥育経営安定交付金制度（牛マルキン）、肉豚経営安定交付金制度（豚マルキン）、肉用子牛生産者補給金制度、鶏卵生産者経営安定対策が存在するが、これらは販売価格と生産コストの差を補填する仕組みになっており、販売価格の低下のみならず生産コストの増加も補填する。

(4)　正しい。

問題25　賠償責任リスク・人的リスク

〔解答〕

(1)	×	(2)	○	(3)	×
(4)	○	(5)	×		

〔解説〕

(1)　誤りである。

　2006年から実施された食品衛生法に基づき、農薬の飛散（ドリフト）が生じた場合、周辺農作物の栽培者に対する損害賠償責任が生じる。また、自らが栽培した農作物の残留農薬が原因となって購入者に健康被害が生じた場合にも賠償責任が生じることになる。

(2)　正しい。

(3)　誤りである。

　（公社）日本農業法人協会が提供する食品あんしん制度は、農業法人が製造・加工販売する食品、未加工農産物（卵含む）について、異物混入や基準を超える残留農薬の検出等が発生した場合に、消費者に身体障害が発生したことで法律上の賠償責任を負担したことによる損害、また身体障害が発生したりその恐れが生じた場合に負担する各種の費用損害に対して保険金を支払う制度である。

(4)　正しい。

(5)　誤りである。

　労災保険は、労働者の負傷、疾病、障害、死亡などに対して保険給付を行なう制度である。労働者を雇用する場合、農業法人には加入が義務付けられているが、個人農業は任意となっている。

問題26	収入保険

〔解答〕

(1)	×	(2)	×	(3)	×
(4)	×	(5)	○	(6)	○
(7)	×				

〔解説〕

(1)　誤りである。

　　収入保険制度は、品目の枠にとらわれずに農業経営全体をカバーすることを目的とするものであるが、牛マルキンなどの経営安定対策の対象品目である畜産品目は収入保険の対象品目から除外される。

(2)　誤りである。

　　収入保険制度の対象者は、青色申告を５年間継続している農業者が基本となるが、青色申告の実績が加入申請時に１年分あれば加入することが可能である。ただし、過去の青色申告の実績が５年に満たない場合には、補償限度額が引き下げられる。

(3)　誤りである。

　　収入保険制度の加入の条件となる青色申告は、「正規の簿記」（複式簿記）及び「簡易簿記」が該当するが、「現金主義」（現金主義の所得計算による旨の届出書を税務署に提出して申告する）は対象とならない。

(4)　誤りである。

　　収入保険制度の対象収入に加工品は除外するが、自ら生産した農産物等を加工・販売し、所得税法上の農業所得として申告しているものは対象収入に含めることができる。例えば、精米、もち、荒茶、仕上げ茶、梅干し、畳表、干し柿、乾ししいたけなどが該当する。

(5)　正しい。

(6)　正しい。

⑺　誤りである。

　　　雇用中心経営では、価格下落によって給与の減額や遅配をすることは許されないため、収入保険制度に加入して、大幅な価格下落があった場合のキャッシュ・フローを確保する必要がある。これに対して、家族経営では、大幅な価格下落があっても数年後に回復するのであれば、自家保険の考え方により、複数年の平均で所得を確保できれば問題ないという考え方も成り立つ。

問題27　理論追加問題

〔解答〕

(1)	×	(2)	○	(3)	×

〔解説〕

(1) 誤りである。

　　リスクファイナンスとリスクコントロールの説明が逆である。

	リスクコントロール	リスクファイナンス
定　義	リスクを構成する要素としての原因に働きかける	リスクの結果に働きかける
手　法	・リスク低減技術の導入 ・圃場・農場の分散 ・品種・作物の選択 ・経営の複合化	農業共済への加入

(2) 正しい。

(3) 誤りである。

　　個人農業の場合で労働者を雇用する場合、労災保険への加入は任意であり強制はされない。

第3章　経営計画

問題28　青色申告決算書の組替え

〔解答〕

	本年度金額	分類	製造原価				販管費等
			材料費	労務費	経費		
					減価償却費	償却費以外	
期首農産物棚卸高	485,000		―	―	―	―	―
期末農産物棚卸高	518,200		―	―	―	―	―
租税公課	962,000	経費				962,000	
種苗費	725,000	材料費	725,000				
肥料費	2,942,000	材料費	2,942,000				
農具費	748,900	経費				748,900	
農薬衛生費	2,020,420	材料費	2,020,420				
諸材料費	1,567,000	材料費	1,567,000				
修繕費	1,258,000	経費（一部販管費）				998,000	260,000
動力光熱費	4,287,200	経費（一部販管費）				3,659,700	627,500
作業用衣料費	194,000	労務費		194,000			
農業共済掛金	625,500	経費				625,500	
荷造運賃手数料	1,897,600	販管費					1,897,600
雇人費	658,500	労務費		658,500			
利子割引料	62,800	販管費					62,800
減価償却費	1,829,600	経費			1,829,600		
土地改良費	185,000	経費				185,000	
リース料	974,600	経費				974,600	
雑費	12,400	経費				12,400	
必要経費小計	21,953,720		7,254,420	852,500	1,829,600	8,166,100	2,847,900

問題29　損益計画（売上計画）

〔解答〕

X1年度予想売上高	10,755千円
X2年度予想売上高	12,606千円
X3年度予想売上高	14,808千円
X4年度予想売上高	17,010千円
X5年度予想売上高	18,510千円

〔解説〕

１．売上計画表の完成

作　目	項　目	X1年度	X2年度	X3年度	X4年度	X5年度
稲　作	収量（kg／10 a）	500	500	500	500	500
	面積（ha）	12	14	16	18	20
	生産量（kg）	[*1]60,000	70,000	80,000	90,000	100,000
	販売単価（円／kg）	150	150	150	150	150
	売上高（千円）	9,000	10,500	12,000	13,500	15,000
野菜α	収量（kg／10 a）	[*2]325	[*3]390	[*4]520	650	650
	面積（ha）	6	6	6	6	6
	生産量（kg）	19,500	23,400	31,200	39,000	39,000
	販売単価（円／kg）	90	90	90	90	90
	売上高（千円）	1,755	2,106	2,808	3,510	3,510
合　計	売上高（千円）	10,755	12,606	14,808	17,010	18,510

＊１：$500\text{kg} \times \dfrac{1,200\text{ a}}{10\text{ a}}$

＊２：650kg／10 a　（理論値）×50％＝325kg／10 a

＊３：650kg／10 a　（理論値）×60％＝390kg／10 a

＊４：650kg／10 a　（理論値）×80％＝520kg／10 a

問題30	損益計画

〔解答〕

X1　　年　　度	4,850千円
X2　　年　　度	7,135千円
X3　　年　　度	6,270千円
X4　　年　　度	5,105千円
X5　　年　　度	4,340千円

〔解説〕

1．労務費の金額の算定

	現状	X1年度	X2年度	X3年度	X4年度	X5年度
専従者給与①	2,182	2,200	2,200	2,200	2,200	2,200
雇人費②	6,824	7,000	7,000	10,500	14,000	17,500
労務費（①＋②）	9,006	9,200	9,200	12,700	16,200	19,700
雇用人数		2名	2名	3名	4名	5名

2．減価償却費の計算

　　新規設備に関する減価償却費

　　30,000千円÷10年＝3,000千円

　　1,500千円（旧設備）＋3,000千円（新設備）＝4,500千円

3．借入金の返済計画と支払利息の計算

　(1)　新規借入分

　　　X1年度期首に借入、毎年3,000千円ずつ返済する。

（単位：千円）	新規借入	利率	利息
X1年度期首	30,000	2％	600
X2年度期首	27,000	2％	540
X3年度期首	24,000	2％	480
X4年度期首	21,000	2％	420
X5年度期首	18,000	2％	360

(2)　従来借入分

X1年度期首に40,000千円、毎年5,000千円ずつ返済する。

（単位：千円）	従来借入	利率	利息
X1年度期首	40,000	1.50%	600
X2年度期首	35,000	1.50%	525
X3年度期首	30,000	1.50%	450
X4年度期首	25,000	1.50%	375
X5年度期首	20,000	1.50%	300

(3)　支払利息の算定

（単位：千円）	新規借入分 利息		従来借入分 利息		支払利息
X1年度	600	+	600	=	1,200
X2年度	540	+	525	=	1,065
X3年度	480	+	450	=	930
X4年度	420	+	375	=	795
X5年度	360	+	300	=	660

4．損益計画表の完成

（千円）	現状	X1年度	X2年度	X3年度	X4年度	X5年度
売上高	33,527	35,000	38,000	42,000	45,000	48,500
製造原価（①〜④＋棚卸）	24,047	28,200	29,000	33,600	37,900	42,300
材料費①	7,252	7,700	8,300	9,200	9,800	10,500
労務費②	9,006	9,200	9,200	12,700	16,200	19,700
減価償却費③	1,500	4,500	4,500	4,500	4,500	4,500
減価償却費以外の経費④	6,289	6,800	7,000	7,200	7,400	7,600
売上総利益	9,480	6,800	9,000	8,400	7,100	6,200
販管費	1,243	1,200	1,250	1,650	1,650	1,650
営業利益	8,237	5,600	7,750	6,750	5,450	4,550
営業外収益	450	450	450	450	450	450
営業外費用	675	1,200	1,065	930	795	660
経常利益（当期純利益）	8,012	4,850	7,135	6,270	5,105	4,340

問題31　変動損益計算書

〔解答〕

	主食用米	飼料用米	大豆
10 a 当たり限界利益	60,000円	160,927円	70,410円
売上高材料費比率	29.58%	7.21%	17.61%

営業利益額　　3,465,000円

〔解説〕

1．変動損益計算書の完成

作 目		主食用米	飼料用米	大豆	合計
年 度		当年度計画	当年度計画	当年度計画	当年度計画
作付面積（ha）		15	15	10	40
変動益	売上高（販売金額）	12,000,000	5,200,000	1,620,000	18,820,000
	価格補填収入		22,000,000	3,388,000	25,388,000
	営業収益	12,000,000	27,200,000	5,008,000	44,208,000
	（内部売上高）				
	作付助成収入	1,050,000	0	3,080,000	4,130,000
	変動益合計	13,050,000	27,200,000	8,088,000	48,338,000
変動費	種苗費	250,000	260,000	120,000	630,000
	肥料費	1,500,000	1,050,000	750,000	3,300,000
	諸材料費	1,800,000	650,000	12,000	2,462,000
	材料費計	3,550,000	1,960,000	882,000	6,392,000
	作業委託費	150,000	700,000	0	850,000
	（内部委託費）				
	動力光熱費	120,000	180,000	50,000	350,000
	共済掛金	60,000	48,000	20,000	128,000
	とも補償拠出金	42,000	28,000	12,000	82,000
	荷造運賃	85,000	100,000	60,000	245,000
	販売手数料	43,000	45,000	23,000	111,000
	変動費計	4,050,000	3,061,000	1,047,000	8,158,000
限界利益		9,000,000	24,139,000	7,041,000	40,180,000
10a当たり限界利益		60,000	160,927	70,410	100,450
売上高材料費比率		29.58%	7.21%	17.61%	14.46%
個別固定費		1,523,000	4,230,000	2,362,000	8,115,000
貢献利益		7,477,000	19,909,000	4,679,000	32,065,000
				共通固定費	28,600,000
				営業利益	3,465,000

2．10 a 当たり限界利益の算定

　　主食用米：9,000,000円÷1,500 a ×10＝60,000円／10 a

　　飼料用米：24,139,000円÷1,500 a ×10＝160,926.666…円／10 a ≒160,927円／10 a

　　大豆：7,041,000円÷1,000 a ×10＝70,410円／10 a

3．売上高材料費比率の算定

　　主食用米：3,550,000円÷12,000,000円×100＝29.583…％≒29.58％

　　飼料用米：1,960,000円÷27,200,000円×100＝7.205…％≒7.21％

　　大豆：882,000円÷5,008,000円×100＝17.611…％≒17.61％

問題32　資金繰表

〔解答〕

X1年度期末現預金残高	5,880千円
X2年度期末現預金残高	11,918千円
X3年度期末現預金残高	15,999千円
X4年度期末現預金残高	18,771千円
X5年度期末現預金残高	21,749千円

〔解説〕

1．借入金の返済と利息の支払い

（単位：千円）

	期首元本	金利	支払利息
X1　年　度	50,000	2.5%	1,250
X2　年　度	45,000	2.5%	1,125
X3　年　度	40,000	2.5%	1,000
X4　年　度	35,000	2.5%	875
X5　年　度	30,000	2.5%	750

10年間で均等返済のため、毎期5,000千円返済する。

2．減価償却費の計算

新規設備　50,000千円÷10年＝5,000千円

従来設備　1,200千円

合計：5,000千円＋1,200千円＝6,200千円

3．法人税等の支払額の計算

X2年度法人税等の支払額：　7,890千円　×30％＝2,367千円

X1年度税引前当期純利益

X3年度法人税等の支払額：　9,850千円　×30％＝2,955千円

X2年度税引前当期純利益

X4年度法人税等の支払額：　8,560千円　×30％＝2,568千円

X3年度税引前当期純利益

X5年度法人税等の支払額：　6,890千円　×30％＝2,067千円

X4年度税引前当期純利益

（資金繰表一部抜粋）	X1年度	X2年度	X3年度	X4年度	X5年度
税引前当期純利益	7,890	9,850	8,560	6,890	6,215
減価償却費	6,200	6,200	6,200	6,200	6,200
法人税等の支払額（前期税金）	2,200	2,367	2,955	2,568	2,067

4．資金繰表の完成

	X1年度	X2年度	X3年度	X4年度	X5年度
税引前当期純利益	7,890	9,850	8,560	6,890	6,215
減価償却費	6,200	6,200	6,200	6,200	6,200
法人税等の支払額（前期税金）	2,200	2,367	2,955	2,568	2,067
消費税等の支払額	1,260	1,520	1,724	1,875	1,620
固定資産の取得	50,000				
借入金による資金調達	50,000				
借入金の返済	5,000	5,000	5,000	5,000	5,000
支払利息	1,250	1,125	1,000	875	750
期首現預金残高 （＝前期末現預金残高）	1,500	5,880	11,918	15,999	18,771
当期現預金増減	4,380	6,038	4,081	2,772	2,978
期末現預金残高	5,880	11,918	15,999	18,771	21,749

問題33　売上計画表　追加問題

〔解答〕

(1)	21,600
(2)	18,000
(3)	27,000
(4)	21,600
(5)	9,000
(6)	32,400

〔解説〕

売上計画表の完成

作　目	項　目	X1年度	X2年度	X3年度	X4年度	X5年度
稲　作	収量（kg／10 a）	450	450	450	450	450
	面積（ha）	18	20	22	24	26
	生産量（kg）	81,000	90,000	99,000	108,000	117,000
	販売単価（円／kg）	200	200	200	200	200
	売上高（千円）	16,200	18,000	19,800	21,600	23,400
野菜 α	収量（kg／10 a）	*1 360	*2 420	*3 480	600	600
	面積（ha）	10	10	10	10	10
	生産量（kg）	36,000	42,000	48,000	60,000	60,000
	販売単価（円／kg）	150	150	150	150	150
	売上高（千円）	5,400	6,300	7,200	9,000	9,000
合　計	売上高（千円）	21,600	24,300	27,000	30,600	32,400

＊1：600kg／10 a（理論値）×60％＝360kg／10 a

＊2：600kg／10 a（理論値）×70％＝420kg／10 a

＊3：600kg／10 a（理論値）×80％＝480kg／10 a

問題34　資金繰表　追加問題

〔解答〕

(1)	3,480
(2)	5,780
(3)	15,540

〔解説〕

1．借入金の返済と利息の支払い

（単位：千円）

	期首元本	金利	支払利息
X1　年　度	25,000	2％	500
X2　年　度	20,000	2％	400
X3　年　度	15,000	2％	300

5年で均等返済のため、毎期5,000千円返済する。

2．減価償却費の計算

新規設備　25,000千円÷10年＝2,500千円

従来設備　3,500千円

合計：2,500千円＋3,500千円＝6,000千円

3．法人税等の支払額の計算

X2年度法人税等の支払額：　6,200千円　×30％＝1,860千円
X1年度税引前当期純利益

X3年度法人税等の支払額：　4,200千円　×30％＝1,260千円
X2年度税引前当期純利益

（資金繰表一部抜粋）	X1年度	X2年度	X3年度
税引前当期純利益	6,200	4,200	11,040
減価償却費	6,000	6,000	6,000
法人税等の支払額（前期の税金）	2,800	1,860	1,260

４．資金繰表の完成

（単位：千円）

	X1年度	X2年度	X3年度
税引前当期純利益	6,200	4,200	11,040
減価償却費	6,000	6,000	6,000
法人税等の支払額（前期の税金）	2,800	1,860	1,260
消費税等の支払額	620	640	720
固定資産の取得	25,000		
借入金による資金調達	25,000		
借入金の返済	5,000	5,000	5,000
支払利息	500	400	300
期首現預金残高 （＝前期末現預金残高）	200	3,480	5,780
当期現預金増減	3,280	2,300	9,760
期末現預金残高	3,480	5,780	15,540

問題35　農業経営の目標

〔解答〕

(1)	○	(2)	×	(3)	×

〔解説〕

(1)　正しい。

(2)　誤りである。

　　農業経営改善計画を市町村に提出し、計画について認定を受けた農業者は、認定農業者となる。①計画が市町村基本構想に照らして適切なものであること、②計画が農用地の効率的かつ総合的な利用を図るために適切なものであること、③計画の達成される見込みが確実であること、これらすべての要件を満たすことが認定のために必要である。

(3)　誤りである。

　　農業経営改善計画書には、経営規模の拡大に関する目標、生産方式の合理化の目標、経営管理の合理化の目標、農業従事の態様の改善の目標について5年以内の計画を記載する。

問題36　規模拡大・設備投資

〔解答〕

(1)	×	(2)	×	(3)	○
(4)	×				

〔解説〕

(1)　誤りである。

　　個人事業の場合の青色申告決算書等における損益計算書には、事業主本人や家族の労賃が経費に計上されていないが、損益計画においてはそれぞれの労賃を労務費として計上する。

(2)　誤りである。

　　税務上定率法の採用が認められている資産については、定額法よりも前倒しで費用計上できるため、税負担・資金繰りの観点からは有利という特徴がある。

(3)　正しい。

(4)　誤りである。

　　損益計画の策定にあたり、借入金の返済金額は損益計算には影響しないが、資金繰りに大きく影響するため留意する必要がある。

問題37　6次産業化

〔解答〕

(1)	○	(2)	×	(3)	○
(4)	×				

〔解説〕

(1)　正しい。

(2)　誤りである。

　　6次産業化にあたり、法人経営が同法人内で新たな事業部として6次産業化の事業に進出するケースでは、当該法人が農地所有適格法人であるならば要件を満たす範囲内での活動に制限される。これに対して、6次産業化にあたり、新たな法人を設立して新事業を運営するケースは、農地所有適格法人であったとしても当該要件の制限を受けない。

(3)　正しい。

(4)　誤りである。

　　スーパーW資金（農林漁業施設資金・アグリビジネス強化計画）の対象は、**認定農業者**が農産物の加工・販売などを行うために設立したアグリビジネス法人（認定農業者が加工・販売などを行うために設立した法人）に限られる。

問題38　短期経営計画の策定

〔解答〕

(1)	×	(2)	○	(3)	×
(4)	○	(5)	×	(6)	×

〔解説〕

(1)　誤りである。

　　収益力の高い作目とは、販売単価の高い作目のことではなく、販売収入から費用（コスト）を引いた後利益が高い作目のことである。

(2)　正しい。

(3)　誤りである。

　　収入保険制度における営農計画書においては、当年に営農を行う全ての農産物の種類ごとに、作付予定面積、作付期、収穫期の予定を記載しなければならない。ただし、少量栽培などのため、種類ごとに記載することが困難な場合、「その他品目」として一括りにして作付予定面積等を記載することができる。

(4)　正しい。

(5)　誤りである。

　　収入保険制度における「保険期間の営農計画に基づく保険期間中に見込まれる農業収入金額」は、**過去5年間**の平均収入を基本とする「基準収入」を保険期間の営農計画に基づいて修正する際に使用するものである。

(6)　誤りである。

　　作目別変動損益計算書の作成にあたり、限界利益の算出においては売上高の代わりに「変動益」を用いる。変動益とは、生産規模の増減に応じて比例的に増減する収益をいい、変動益には営業収益に属する項目のほか、水田活用の直接支払交付金など「**作付助成収入**」が含まれる。

問題39　資金計画

〔解答〕

(1)	×	(2)	×	(3)	×
(4)	×	(5)	○	(6)	×

〔解説〕

(1)　誤りである。

　　農業近代化資金は、①認定農業者や認定新規就農者に限定されず、②農業所得が総所得の過半を占める農業者、③農業粗収益が200万円以上あることなどの条件を満たす農業者、④①～③の農業者の経営主以外の農業者（配偶者・後継者等）、⑤一定の基準を満たす任意団体などが対象となる。

(2)　誤りである。

　　日本政策金融公庫資金であるスーパーL資金は、認定農業者を対象として農業経営改善計画の達成に必要な資金の融資を受けることができるものであり、個人の場合申請時点で簿記記帳を行っていること、**または今後簿記記帳を行うこと**が条件となる。

(3)　誤りである。

　　日本政策金融公庫資金である農業改良資金は、農業経営における６次産業化（生産・加工・販売の新部門の開始）や、品質・収量の向上、コスト・労働力削減のための新たな取組みに必要な長期資金を無利子で融資する制度であり、農業改良措置に関する計画の実施に必要な資金が対象となるが、**国の補助金を財源に含む補助事業（事業負担金を含む）は本資金の対象とならない**が、地方公共団体の単独補助事業、融資残補助事業（経営体育成支援事業）は対象となる。

⑷　誤りである。

　　日本政策金融公庫資金である農業改良資金は、農業改良措置に関する計画の実施に必要な資金が対象となる。ここでいう農業改良措置に関する計画とは、農業改良措置の内容について都道府県知事から認定を受けた経営改善資金計画書のことであり、新たな農業部門の開始（従来取り扱っていない作目、品種への進出）、新たな加工事業の開始、農産物又は加工品の新たな生産方式の導入（新たな技術・取組みを導入して品質・収量の向上やコスト・労働力の削減を目指す場合）、農産物又は加工品の新たな販売方式の導入の**いずれかを**農業改良措置の要件として満たす必要がある。

⑸　正しい。

⑹　誤りである。

　　リースのデメリットは金利がコスト高になる可能性がある点、所有権移転外リースの場合減価償却方法がリース期間の**定額法**となり、**定率法**よりも初年度の減価償却費が少なくなる点である。

問題40　理論追加問題 1

〔解答〕

(1)	○	(2)	○	(3)	×
(4)	×				

〔解説〕

(1)　正しい。

(2)　正しい。

(3)　誤りである。

　　収益力の高い作目とは、販売単価の高い作目のことではなく、販売収入から、これを得るために要した費用（コスト）を引いた後の利益が高い作目をいう。

(4)　誤りである。

　　収入保険における基準収入は、農業者が当年の経営面積を過去よりも拡大する場合や、過去の収入金額に一定の上昇トレンドの実績が確認できる場合等は、適切なセーフティーネットとなるように、それぞれの動向を反映して、保険期間の営農計画に基づく保険期間中に見込まれる農業収入金額を上限として基準収入を上方修正することになっている。これを「規模拡大特例」と呼ぶ。

問題41　理論追加問題 2

〔解答〕

(1)	○	(2)	○	(3)	×
(4)	×				

〔解説〕

(1)　正しい。

(2)　正しい。

(3)　誤りである。

　　変動益とは、生産規模の増減に応じて比例的に増減する収益をいい、変動益には営業収益に属する項目が含まれるが、水田活用の直接支払交付金などの「作付助成収入」も含まれる。

(4)　誤りである。

　　売上高材料費比率は、売上高に占める材料費の割合を示す指標であり、値が小さいほど技術水準が高いことを表していると考えられる。

おわりに

　農業従事者の高齢化が進み、大量のリタイアによって今後ますます担い手不足が深刻化するなか、新規就農や企業参入を後押しする政策が展開されています。また、政府は農業経営の法人化を強力に進めており、2023年までの間に法人経営体数を5万法人に増加することを国の目標に掲げています。

　農業経営の新規参入や法人化には、経営者自らの的確な判断だけでなく、関係者による支援が欠かせません。農業経営に取り組み、これを支援するうえでは、農業特有の会計・税務や個人経営と法人経営の違いを理解する必要があります。また、優良な農業経営を育てるだけでなく、次世代に円滑に継承していくことが求められています。2015年から相続税の課税強化が行われ、農業経営においても相続税や贈与税を意識した経営継承対策を講じていく必要があります。

　こうしたなかで農業者の経営支援にこれまで中心的な役割を担ってきたＪＡや普及指導センターなどの関係機関だけでなく、金融機関や税理士・公認会計士などの会計人が農業に係る経営管理の特徴を理解し、農業政策や税制を含めた経営環境の変化にも対応した法人運営や経営継承を企画・提案していくことが求められます。

　本書で学ぶ読者の皆さんが農業に必要とされる実践的な経営スキルを習得し、また、農業経営の強力な支援者として活躍されることを願ってやみません。

一般社団法人　全国農業経営コンサルタント協会

┌─────────本書のお問い合わせ先─────────┐

一般財団法人 日本ビジネス技能検定協会 事務局

〒101-0051

東京都千代田区神田神保町 1 -58　第 2 石合ビル401号室

Tel 03-5281-5381　　　Fax 03-5281-5382

ＨＰ：http://www.jab-kentei.or.jp/
└──────────────────────────────────┘

農業経理士問題集【経営管理編】

■発行年月日　2020年 9 月 1 日　初版発行

■著　　　　者　一般財団法人 日本ビジネス技能検定協会
　　　　　　　　学校法人 大原学園大原簿記学校

■発　行　所　大原出版株式会社

　　　　　　　　〒101-0065
　　　　　　　　東京都千代田区西神田2-4-11

　　　　　　　　TEL　03-3292-6654

■印刷・製本　株式会社　メディオ

ISBN978-4-86486-771-9 C1034